JN197721

POLYTECHNIC SCIENCE

技能科学による ものづくり現場の 技能・技術伝承

原　圭吾●編著
PTU技能科学研究会●著

日科技連

まえがき

　製造業が今後生き残るためには，優秀な人材を確保するだけでなく，熟練者が有する優れた技能(匠の技)の伝承が重要である．実際にものづくりの世界では匠の技の「見える化」による技能・技術伝承のニーズは非常に高いものがある．

　技能・技術伝承では，熟練者の固有ノウハウである暗黙知を，何らかの方法で形式知化し定量化する．そして，未熟練者に対する教育・訓練へ展開したり，熟練者のもつノウハウを自動作業などに活用したりする．しかし，技能・技術伝承の仕組みは各企業の閉じた空間のなかで行われているケースが多く，自社の外部へ情報がほとんど伝わっていかない．そのため，自社の技能・技術伝承に対する取組みを客観的に評価することが難しく，課題や問題点についての解決策を得ることが難しい．実際に企業規模に関わらず，技能・技術伝承はさまざまな方法で行われており，毎年その状況は『ものづくり白書』などで報告されている．一方，技能・技術伝承に取り組んでいる多くの企業からは，次のような悩みを聞くことが多い．

① 技能・技術伝承についてなんとなく取り組んでいるが，何が正しいのかわからない．

② これまでに技能・技術伝承についてさまざまな書籍などを参考にしたが，実際に適用するとなると何からスタートしてよいかわからない．

③ 熟練者の退職が目の前に迫っている．熟練者のもつノウハウを若手に早く身につけてもらいたい．

④ 熟練者のノウハウを伝承すべきことはわかっているが，周囲にその重要性が伝わらない．

⑤ 未熟練者を早く戦力化したい．

⑥ 熟練者のノウハウを伝承するためには，最新技術を使えばなんとなくうまくいく気がする．しかし，実際どうすればよいのかわからない．

⑦ 海外展開をしているが，なかなか現地の方に自社のノウハウを伝えることが難しい．

　本書では以上のような技能・技術伝承における諸々の課題について，技能科学の観点から2部構成で解説している．技能科学とは，「技能・技術を科学的に分析して，生産性をより高める」ことで，「新しい価値を生むキャリア（職業）の創生」につなげるための学問体系を指す．本書の前半では暗黙知から形式知への転換に，後半では未熟練者の人材育成に焦点を当てている．

　本書の最終章（第7章）では日産自動車株式会社の全面的なご協力のもと，国内外における技能・技術伝承の具体的な取組みを記していただいた．これは机上の空論ではなく，真に悩み，また苦しみながら技能・技術伝承に取り組んだ過程を克明に記していただいたものである．読者の皆様が技能・技術伝承を進める際の参考になるものと思う．本書は業種を問わず技能・技術伝承に悩む企業や，これから社会で活躍していく学生の皆様に読んでいただきたいと考えている．

　最後に本書の出版を快くお引き受けいただいた日科技連出版社の戸羽節文社長，編集の労をとっていただいた鈴木兄宏出版部部長，田中延志係長に謝意を表す．また執筆への指導，助言をいただいた職業能力開発総合大学校の圓川隆夫校長に深く謝意を表す．さらに日産自動車株式会社の皆様にはヒアリング調査や貴重なノウハウ提供など，数々のご協力をいただいた．この場を借りて深く謝意を表したい．

2019年5月

著者を代表して

原　圭吾

技能科学によるものづくり現場の技能・技術伝承
目次

第1章
技能・技術伝承における技能科学の役割

1.1 技能の伝承

(1) 技能習得プロセス

技能伝承は，人からモノ(作品，文章など)を通して人に間接的な方法と，人から人へ直接的に技能を伝える方法がある．

人からモノ(作品，建築物，書物など)を通して間接的に人に技能を伝承する方法では，遺された作品，建築物，書物などから先達の技能，技法，創作の意図などを考え，暗中模索をしながら技能を獲得する．

その一方，人から人へ直接的に技能を受け継がせる方法は，いわゆる「技を(見て)盗む」やり方である．

師匠は，自らの作業を見せる(いわゆる背中を見せる)．その師匠の作業を弟子は，下働きをしながらつぶさに観察する．次に，弟子は師匠の作業を見よう見まねで行う．最初のうちは，当然ながら失敗する．ここで弟子は考える．ひたすら考えて自問自答をする．「何が・どこが悪かったのか」と改善点を模索しながら必死で考える．そして気づいたことを実践する．しかし，それでもできないので，再度，師匠の動きを観察し，さらに考えて，実践してみて，「自らの動きが改善されているかどうか」を確認する．

「技を(見て)盗む」やり方では，このようなトライ＆エラーのサイクルを繰り返して技能を獲得することで，職人として一人前となる最低限必要な技能レベルに達する．その後も修業は一生続くが，すでにこの時点で最低限度の技能が受け継がれている．この関係を**図1.1**に示す．

上記の2つの技能伝承方法に共通することは，技能の習得の過程で「考える力」も養えることである．どんなに機械や人工知能が発達しようとも，いつの

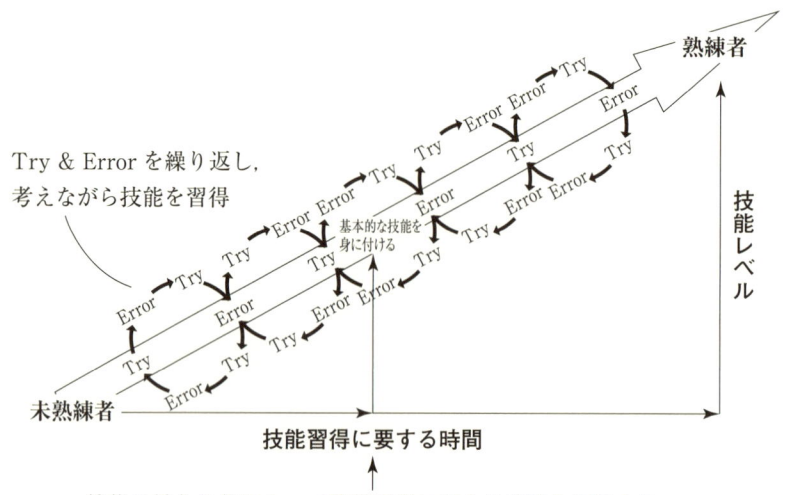

技能の見える化によって技能習得に要する時間を短縮する.

図1.1　技能習得のプロセス

時代でも普遍的に人間に求められる能力は「考える力」である．古くからの「技は(見て)盗め」の技能伝承方法は，試行錯誤を通じて技能を獲得するために「考える力」を養うには最適な教育訓練方法である．

　「技を(見て)盗む」という人から人へ直接的に技能を伝承する方法で技能(技)を獲得し，技が受け継がれてきた職種にはさまざまなものが挙げられる．例えば，筆者がすぐに思い当たるものだけでも，建築大工，左官職人，家具職人，美容師，調理師，医師(外科医)……と列挙できる．

　しかし，「技を見て盗む」「人間から人間への技能を伝承する」というプロセスには，大きなデメリットが存在する．つまり，「職人として一人前となる技能レベルに達するまでにかなり長い時間がかかる」というデメリットである．

　修業期間の長さを表す言葉が言い伝えられている業界は少なくない．例えば，建築大工では「穴掘り3年，鋸5年，墨かけ8年，研ぎ一生」という言葉があり，寿司職人の世界では「シャリ炊き3年，あわせ5年，にぎり一生」という言葉がある．

　同じように，伝統芸能の一つで一体の人形の頭と右手，左手，足を3人で操

作する文楽にも，「足 10 年，左 10 年，主(頭と右手)一生」という言葉が存在する．これらの言葉は，修業の段階とともに，一人前になるのに必要な時間を表している．

(2) 技能の見える化

人材不足に喘ぐ業界では，まず若年入職者を確保することが重要である．「一人前になる修業期間の長さ」は，人材を集めて育成する際にデメリットとなる可能性がある．修業が長期間に及べば本当にやる気がある人間のみが残るともいえる反面，仕事に興味をもって入職した人間が技能習得に行き詰まり離職をする可能性が高まるともいえる．

せっかく入職した若者が一人前になる前に離職してしまえば，人材不足にますます拍車がかかり，就業人口が減少する．その結果，業界全体が縮小する悪循環が生じる．このような悪循環へと繋がることから「一人前になる修業期間の長さ」は大きな問題といえる．

「技を見て盗む」「人間から人間へ技能を伝承する」場合にともなう「技能習得期間の長さ」というデメリットを解決する一助となるのは，科学の目，機械の目による「技(技能)の見える化」である．これを達成することで，**図 1.2** に示す技を盗むプロセスのうち，「観察」「気づき」「考察」をサポートできる．

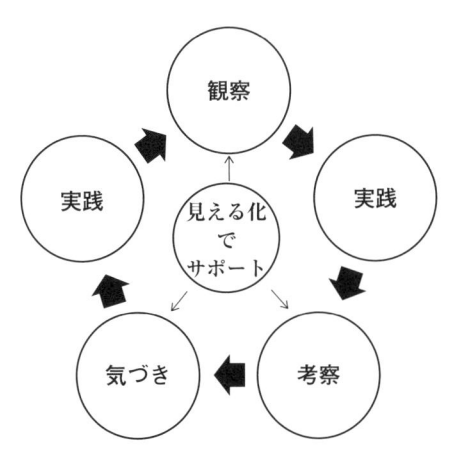

図 1.2　技能の見える化によるサポート

1.2　技能科学とは何か

(1)　技能科学の定義

　次に，わが国のものづくり（製造業）が置かれた状況を簡単に見てみよう．

　わが国の製造業は市場からの高い要求水準に積極的に応えていくことで「ものづくり世界一」とよばれるまでに発展してきた．つまり，顧客の要求に応えていく「顧客価値の実現」は，まさに製造業を支える骨格ともいえる[1]．

　しかし，今やIoTやビックデータ，AI，あるいはロボットといった新技術が活用されて，新たな顧客価値創造を目指した時代（第四次産業革命）に突入している．その一方で，「AI，デジタル化経済への対応」「熟練労働者の退職」「労働人口の減少」「働き方改革による時間短縮を補う生産性の向上」が喫緊の課題となっている．このような顧客価値創造や生産性向上を図るために，これまでの「ムリ，ムダ，ムラをなくす」という視点に加えて，「技能を科学する」アプローチ，つまり「技能科学」が求められている．

　「技能科学」とは，「工学，社会システム工学，人間情報学（AIを含む），科学教育・教育工学，そしてIT等を活用しつつ，"技能を科学"して，"より生産性の高い技術や技能"を達成したうえで，その結果として"新しい価値を生むキャリア（職業）の創生"へとつながる基礎となる職業能力の開発やその指導（訓練）法の研究に関わる学問」と定義される．

　「技能科学」が対象とする領域としては，「"技能"に関する職業能力開発，キャリア形成，技術職業教育，伝承，技術への転換」などが挙げられる[2]．

(2)　技能・技術伝承への技能科学の適用

　図1.3は技能・技術伝承における「技能」「技術」「科学」の関係を示したものである[2]．図1.3における「技能」「技術」「科学」の関係性（①～⑥）を解説すると，それぞれ以下のようになる．

　　①　科学を適用することで，技能が普遍化された技術に転換できる．
　　②　技術が進歩することで，それを補完する技能が新たに生まれる．
　　③　技術は改良，改善を通じてさらに高度化する．
　　④　科学により新たな技術開発のシーズが発生する．

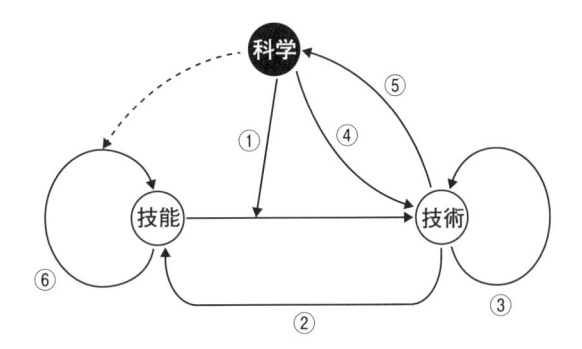

出典) PTU 技能科学研究会編(2018):『技能科学入門』, p.6, 日科技連出版社.

図 1.3　技能・技術伝承における科学の役割

⑤　技術開発により科学で解決すべき新たな事項が生まれる.

⑥　技能に科学や技術を適用することで, 技能伝承が効率化される.

　図 1.3 の「技能」とは,「人間がもつ「技」に関する能力」であり, 適切に伝承が行われないと消えてしまうものである. 一方で,「技術」とは,「「技」を記録し, 伝えるように図面, 数式, 文章など何らかの表現に置き換えられたもの」を指す.

　「技能」が主観的で伝承なくしては消えてしまう特徴をもつのに対して,「技術」はその伝承や流通が容易でその速度も格段に速い特徴がある. なお,「技能」「技術」の詳細な定義については, **2.1 節**(1)で詳細に解説している.

　熟練者がもつ高度な技能を科学的に分析し,「技能」を「技術」に置き換えることで, 人への「技能」の伝承および一部の工程の機械への置換えをサポートできるため, 生産性の向上が実現され, さらに高度化した技能や技術が生み出される. また, 技能・技術伝承を効果的に進めるための指導法や訓練方法を研究・開発することで, わが国の国際競争力を維持するための新たな職業や匠の創生, およびその指導法の創生が期待できる.

1.3　必要な人材像と課題

　現在のものづくり(製造業)が有する課題について確認しよう.

　独立行政法人高齢・障害・求職者雇用支援機構では, ものづくり分野の企業

が求める職業能力や人材に関するニーズについて，毎年約2800あまりの事業所を対象にヒアリング調査を実施しており[3]，**図 1.4** は人材育成の目標について調査した結果をまとめたものである．約60％の企業が，「技能・技術の伝承」を人材育成の目標として回答している．

次に人材育成の課題に関する調査結果を**図 1.5** に示す．課題の上位には，「指導する人材が不足している」「人材育成を行う時間がない」などが挙げられて

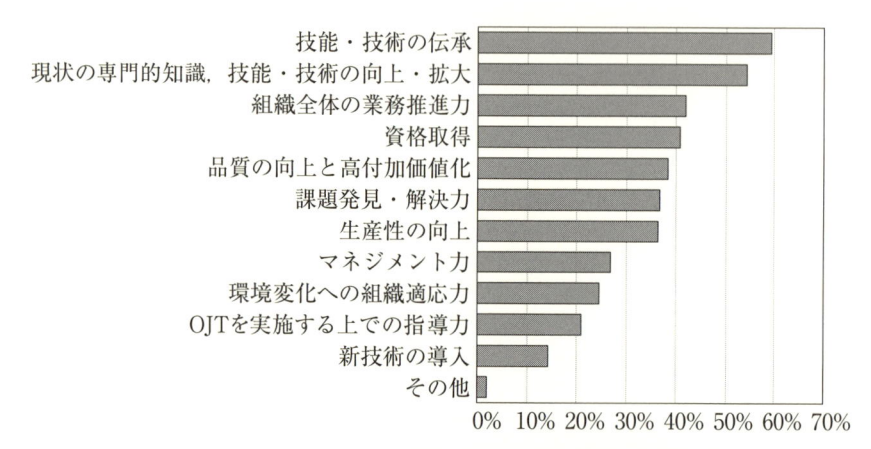

図 1.4　ものづくり現場における人材育成の目標

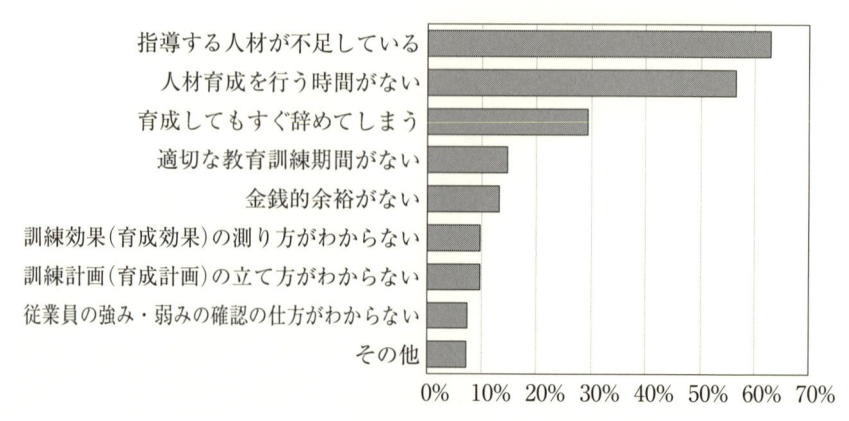

図 1.5　ものづくり現場における人材育成の課題

おり，人材育成を実行するために必要な指導者の不足や訓練時間の確保などに課題が見られる．

1.4　ものづくりの現場から見た技能・技術伝承の課題

　次に実際の現場から得られた声をまとめ，現在のものづくり（製造業）が求めている人材像を紹介する．

(1)　事例1：工業用樹脂製品製造　従業員数約300名

　システム（IT ベンダー）と現場とを仲介できる人材を求めている．また，生産計画や生産管理に AI 技術を活用できる人材の育成の必要性を感じている．ヒトの判断を補完するために，AI 技術を活用することを検討している．

(2)　事例2：金型・同部品等製造　従業員数約50名

　IoT 技術の導入によって「部品生産からオーダーメイド製品の設計・開発へ」と主要業務が変化したことで，社員が常に自社製品の市場価値を考える「創造する現場」へと変化した．

　このため，問題意識をもって創意工夫のできる人材を求めている．特に IT 企業との相談や交渉またはコラボレーションできる人材が必須と感じている．また，人材育成の面では，効率的な教育や仕事の意味・目標・目的を明確に伝えていくことが重要だと感じている．

(3)　事例3：機械・同部品製造修理　従業員数約20名

　技能伝承については，まだ十分な実績が出ていないものの，技能伝承が進めば組織のモチベーションも向上すると考えている．しかし，職人のなかには，技能を細分化したり，数値化することを嫌う人が見受けられる．

(4)　事例4：自動車部品製造　従業員数約160名

　機械の稼動状況を見える化させ，生産ペースの安定化に成功した．また，作業時間の短縮を実践し，従業員の働き方改革につなげることができた．生産情報などから業務改善に必要なデータを見分ける能力がある人材を求めている．

特に，「現場を理解できるだけでなく，IT 技術の知識や技能も有する人材が欲しい」と考えている．

　以上のように，ものづくり（製造業）の「現場の声」からは，技能・技術伝承の重要性を感じながらも，うまく実施できていない状況が見受けられる．
　ここで，技能・技術伝承に関して，企業が抱える主な課題をまとめると次のようになる．

　　① 技能・技術伝承をするための人材や時間が不足している．
　　② 技能・技術伝承をする側とされる側の年齢，技能レベル，意識・意欲のギャップがある．そのうえ，技能・技術伝承自体の重要性がどちらの側にもうまく伝えられていない．
　　③ 技能・技術伝承の必要性は認識しているものの，「今すぐに熟練者が退職するわけではない」と考える人が多く，目の前の仕事が優先されてしまう．
　　④ 作業手順や安全作業は標準化されているものの，技能・技術伝承が整理（見える化）できていないため，標準化が進んでいない．
　　⑤ 技能のデジタル化やマニュアル化を進めようとしているものの，「熟練者のデータをどのように取得して分析すればよいか」についてノウハウがないため，現場が手探りで行っている状況である．

1.5　技能・技術伝承のサイクル

　多くの企業では，技能・技術伝承の場面において，何らかの方法で「熟練者のもつ高度なノウハウの見える化」することに重点を置いている（**図1.3** の①）．しかし，**1.3** 節で解説したように「見える化」で得られた結果を，実際に未熟練者へ伝達する場面でうまくいかない場合が多い．
　この課題を解決する一つの方法として「人材育成の場面においても科学を適用すること」が考えられる [4]．つまり，**図1.6** に示すように，技能科学を中心として「技能を科学によって技術へ転換」し，「科学によって裏づけられた指導法や訓練方法を適用」するものである．このサイクルを本書では「技能・技術伝承サイクル」とよぶ．

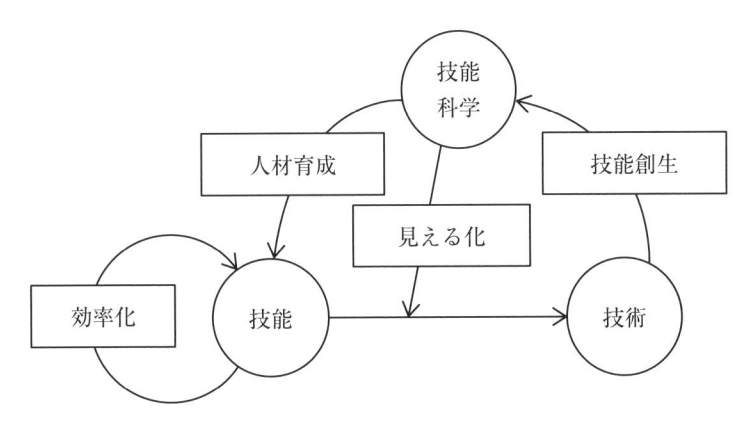

図 1.6　技能・技術伝承サイクル

　図 1.6 の技能・技術伝承サイクルをもう少し詳細に分解してみると，以下の
ようになる．

① 暗黙知（ノウハウ，匠の技）を科学によって形式知（見える化）にする．
② 得られた形式知は自動化（デジタル化）技術へ転換され，自動化されな
　いものは，マニュアルとして記録される．
③ 形式知化された知識は，社内の人材育成計画として未熟練者へ伝達さ
　れる．
④ 人材育成を行うために，効果的な教育訓練が実行される．
⑤ 高度な人材が育成されることで，新たな技能が創生される．

　このステップを「マンダラチャート」[5] とよばれるフレームでまとめた例
を図 1.7 に示す．

　中央のセルに「技能・技術伝承」を置き，その周りに技能・技術伝承サイク
ルを構成する 8 つの要素を示している．また，各要素はさらに 8 つのサブ要素
で構成されている．ここで重要なことは，各要素のブロックにおいても「技能
科学」によってサイクルが形成されていることである．これはつまり，「技能
科学」が技能・技術伝承サイクルの骨格であることを示している．

　本書ではこのチャートを用いながら，**第 2 章**，**第 3 章**で左側のブロックを，
第 4 章〜第 7 章で右側のブロックを解説していく．

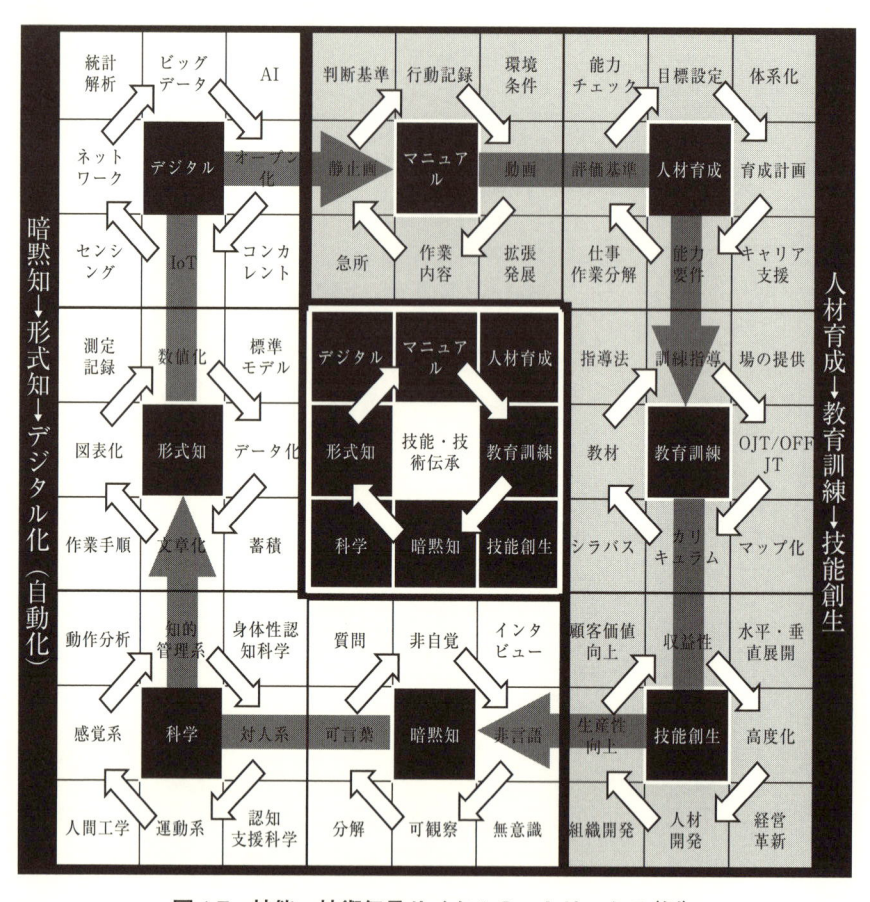

図 1.7　技能・技術伝承サイクルのマトリックス（例）

【コラム①：支援システムによる技能・技術伝承の事例】

　技能・技術伝承を支援するシステムの実例のうち，動画を通じて気づきを促すシステムを紹介したい（**図1.8**）．なお，技能・技術伝承の支援システム（AIによる判断およびARによる感覚についての支援システム）の詳細については**第3章**で解説している．

　図1.8のようなシステムには，作業者の動線データなどの「ヒト」の動きを蓄積して解析する機能があって，同じ工程や同じ作業における熟練者の動きと非熟練者の動きを比較できるので，作業者の作業自体に対する理解度が向上する．

　つまり，「統計上のいつもの作業」と「現在の自分の作業」とを比較して自覚を促すことで，製造工程の品質向上に貢献できるだけではなく，「ヒト」に起因する作業品質のばらつきを検出して品質格差を是正することもできるし，また，異常検知の結果を次工程へフィードフォワードすることで品質確認や修正作業を指示することもできる．さらに，支援システムでデジタル化したデータをもとにして技能訓練にも活用することができる．

　このように「いつもと違う動き（作業異常）」を検出し，それらの情報を活用できれば，作業の改善に大きく役立つ．

資料提供）　日立製作所．

図1.8　動画による技能訓練の事例

第1章の参考文献

[1]　経済産業省，厚生労働省，文部科学省(2017)：『2017年度ものづくり白書』(https://www.meti.go.jp/report/whitepaper/mono/2017/honbun_pdf/index.html)

[2]　PTU 技能科学研究会編(2018)：『技能科学入門』，日科技連出版社.

[3]　職業能力開発総合大学校基盤整備センター「企業の求める職業能力・人材に関するニーズ調査結果」(http://www.tetras.uitec.jeed.or.jp/statistics/needs/index)

[4]　森和夫(2018)：「技術・技能論」，大妻女子大学人間生活文化研究所(https://www.ihcs.otsuma.ac.jp/ebook/book.php?id=59)

[5]　松村寧雄(2007)：『図解　マンダラチャート』，青春出版社.

第 2 章
技能の捉え方

2.1 技能の定義と分類

技能科学を用いて技能を捉えるためには，技能を普遍的な技術にすることが必要である．これを体系的に進めるためには，まず技術や技能といった用語を明確に定義し，分類して適切に分析することで，技能の構造を明らかにする作業が必要となる．

以下，こうした一連の作業を解説する．

(1) 「技術」「技能」の定義

「技術」「技能」の定義について，まず『広辞苑』(新村出編，岩波書店，1998)を見ると以下のとおりである．

- 技術：①物事をたくみに行うわざ，技巧，技芸．②科学を実地に応用して自然の事物を改変・加工し，人間生活に役立てるわざ
- 技能：技芸を行ううでまえ，技量

しかし，この記述だけではどうも違いがはっきりしてこない．

須藤[1]は，国語辞典や百科事典など20種類の辞典を調べた結果，「技術」「技能」について，以下のように説明している．

- 技術：「技（わざ）」であり，辞典などに共通する内容は「他の何らかの形に置き換えられるものであったり，置き換えること」であり，容易に技術を人に伝えることが可能である．
- 技能：「技術的な能力」「はたらき」である．技能を発揮する「ひと」が主人公であり，その「ひと」が意識的に動作を行うことによってはじめて現れる，個人的なものである．

　須藤の研究では，「技術」を「他の形に置換え可能な技」とし，「技能」を「個人の能力」として，これらを区別している．この結果からでも，2つの言葉について，ある程度の違いをはっきりさせることができるが，まだ辞典類の記載だけを比べただけである．さらに違いをはっきりさせるためには，「技術」「技能」に関わる現場の生の声も聞く必要がある．

　そこで，93名の生の声(アンケート)を分析した森の研究[2] を紹介したい．アンケートに回答した93名は，製造業を多く抱える愛知県で開催された同氏の講演会『最近の技能・技術とその伝承を考える』の聴衆であり，製造業に携わる人たちである．これらのアンケートを分析した森は，「技術」「技能」を以下のとおりとした．

- 技術：科学的裏づけをもった方法・手段であり，ルールや原則を示すことが多く，表現がきちんとできているもの
- 技能：個人に属する能力であり，カン・コツ・感性を含み，「表せない・あいまいな」ものを含む

以上の分析結果は，「技能」「技術」に関わる現場の声が反映されたものとみなすことができるだろう．

　以上の流れを踏まえたうえで，森は，「技術」「技能」を次のように整理した[3]．

- 技術：技を何か(数式，図面，文章など)に置き換えられたもの．数式，図面，文書などに技術を記録することができ，それを見ることができる．人に関係なく，技術を維持することができる．技術を修得するためには，論文やメモ，機械などから学べばよい．技術の解明や発展のためには，主に自然科学が必要である．
- 技能：人間がもつ，技に関する能力．技能は人に備わるものであるから，直接，見ることができない．作業している状態や，作業の結果を見ることはできるが，それは技能ではない．技能を記録することはできない．そのため，技能の習得には「体験や経験を通じて学ぶ必要」があり，技能の維持には「人から人へ継承する必要」がある．技能は人間がもつものなので，その解明や発展のためには，自然科学に加えて，人間科学が必要である．

　本章では，「技術」と「技能」を以上のように整理したうえで，技能を捉える方法を探っていく．

(2)　技能の分類とものづくりに必要な技能

　技能にはさまざまな種類がある．実際，技能検定(技能の習得レベルを評価する国家検定制度)には130もの職種がある [4] (2019年5月現在)．ものづくりに関する職種 [1] だけでなく，対人業務の職種 [2] や加工・施工・洗浄等(ロープ加工，情報配線施工，ビルクリーニングなど)，装飾関係(フラワー装飾，商品装飾展示など)，マネジメント関係(ホテル・マネジメント，フィットネスクラブ・マネジメントなど)，その他(ピアノ調律，着付け，化学分析，写真など)と非常に幅広い．

　技能を捉えるためには，技能を分類して考える必要がある．森の考えによれば，技能の分野は次の4種類である [3] [5] ．

　　①　感覚運動系技能：視覚・聴覚・触覚・嗅覚などによる感覚機構および体幹・手足・頭部・眼球などによる運動機構から成る感覚運動機構に主に依存する分野

　　②　知的管理系技能：分析，照合，判断，推理・推論，行動計画など，人間の脳による知的管理機構に主に依存する分野

　　③　保全技能：①と②の両方を使用する分野

　　④　対人技能：カウンセリングや接客販売，美容サービスなど，人間に対する働きかけを行う分野

　ある職種は，必ずしもこの4技能のどれか一つに分類されるわけではない．例えば，美容サービスは対人技能でもあり，感覚運動系技能でもある．また，感覚運動系技能は感覚運動機構と知的管理機構の両方をもち，感覚運動機構のほうが比率が高いと考える．一方，知的管理系技能も感覚運動機構と知的管理機構を含み，知的管理機構のほうが比率が高いと考える．

---

1)　建設関係，窯業・土石関係，金属加工関係，一般機械器具関係，電気・精密機械器具関係，食料品関係，衣服・繊維製品関係，木材・木製品・紙加工品関係，プラスチック製品関係，貴金属・装身具関係，印刷製本関係など．
2)　キャリアコンサルティング，ファイナンシャル・プラニング，接客販売，金融窓口サービスなど．

　本書が対象とするものづくり現場では，感覚運動機構と知的管理機構の両方が必要となり，その比率によって，感覚運動系技能あるいは知的管理系技能に分類されるだろう．

2.2　技能の解明に必要な科学

(1)　人間科学と人間情報学

　上記の「技能」の定義，分類を踏まえたうえで，技能の解明に必要な科学を考えてみよう．まず，「技能」の定義で述べたように，その解明には「人間科学」が必要である．人間科学とは，人間の心理，生理，思考・判断，身体などを総合的に研究する学際的な学問で，さまざまな環境における人間の社会，文化，行動，教育などを探求する．そのため，人間科学の学問分野も多岐にわたっている．人間科学を構成する学問には，心理学，生理学，社会学，認知科学，人間工学，スポーツ科学，健康科学，生体工学，医学，環境学，生活科学などがある．

　研究領域が人間科学と重なる学問として，人間情報学も挙げられる．技能科学の枠組みでは，技能にアプローチする4つの科学的側面として，「①社会システム工学[3]」「②工学」「③人間情報学」「④科学教育・教育工学」が挙げられる[6]．ここで，「工学」以外の3側面は，国の科学研究費助成事業が定める研究分野の「審査区分表」から用語を流用している．そのうちの一つ，「人間情報学」は「審査区分表」大区分Jのなかの中区分「人間情報学およびその関連分野」に相当し，関連する小区分には以下が含まれる．

- a)　「ヒューマンインタフェースおよびインタラクション関連」（人間工学を含む）
- b)　「感性情報学関連」（感性認知科学，感性心理学，感性計測評価，感性生理学，感性脳科学などを含む）
- c)　「認知科学関連」（認知モデル，認知脳科学，認知工学を含む）

---

3)　『技能科学入門』（PTU技能科学研究会編，日科技連出版社，2018年）では，平成29年度までの科学研究費助成事業「系・分野・分科・細目表」にもとづいて「社会システム科学」という用語を用いた．しかし，この細目表は平成30年度以降は廃止され，代わりに「審査区分表」が用いられている．そのため，本書ではこの審査区分表にもとづいて「社会システム工学」という用語を用いる．

d)　知能情報学関連(機械学習を含む)

e)　ソフトコンピューティング関連(ニューラルネットワークを含む)

これらのうち，a)〜c)は人間科学と共通する領域であるため，人間情報学も技能の解明に必要な科学であることがわかる．また，d)とe)は人工知能(AI)に関連する領域であり，人間の推論をAIにサポートさせたり，技能の仮想体験にAIを活用したりする応用が考えられる[6]．

人間科学や人間情報学はともに大括りな分野といえるため，以下ではもう少し範囲を狭めて解説していく．

(2)　感覚運動系技能と知的管理系技能に必要な科学

本書が対象とする感覚運動系技能と知的管理系技能の各要素から，必要な科学を考えてみよう．一般的なものづくりの作業では，対象物(工作物など)を作業者の感覚で捉え，脳で状況の把握と分析・判断を行い，行動計画を立てて，身体を使って工具や機械などを動かした結果，対象物が変化する．この繰返しで作業は進行する．この一連の流れをより深く理解するためには，人間と人工物の関係を総合的に見る視点が必要である．

こうした視点を身につけるための学際的な科学として「ヒューマンインタフェース」や「人間工学」「認知科学」が必要となる．その内容を細かく区分すると，感覚，認知，判断，推理などの感覚機構や知的管理機構の理解や評価には「生理学」「心理学」の領域が役立ち，運動機構そのものの理解や評価には「スポーツ科学」の領域が役立つ．また，感覚運動系技能および知的管理系技能の測定や評価には「生体計測工学」や「生体情報工学」を活用することができるだろう．

2.3　暗黙知

(1)　暗黙知とは何か[7]

上記で解説した「技能」から視点を変えて，「暗黙知」という言葉を考えてみよう．天才科学者のマイケル・ポラニー(1891〜1976)が提唱した概念[8]である「暗黙知」は，「身体を使って習得した知識(経験知，身体知)のなかにある，通常は無意識的で，詳細を説明することも他人に伝達することも不可能な

知識」とされる．こういった知識には，技能・ノウハウが含まれる．例えば，自然に習得した技能やルーティン化した知識や技能などの身体感覚が当てはまるが，これらについて「どうしてうまくできるのか」を説明できない．

　ポラニーの主張では「人が新しい技能を習得する最善の方法は，対象を部分的に学んだり捉えたりするのではなく，対象を全体的に捉えることだ」とされる．無意識に滑らかな操作ができるようになると「熟練」し，「勘」が働くようになるが，こうして全体を感知し理解することが「暗黙知」なのである．また，暗黙知は，生きた人間の身体の中にあるからこそ，個々の「暗黙知」は個人特有のものであり，他人に伝達して共有することはまず不可能といえる．

(2)　暗黙知と技能

　上記のように，「暗黙知」は「人間の身体の中にある，無意識なもの」なので，その詳細を説明することは不可能である．また，上記で定義したように「技能」は人に備わるもので，記録することができないという性質がある．このことから，技能には暗黙知の側面があるといえる．そのため，「暗黙知」の構造を「見える化」（形式知化）したうえで，それを「技能」に当てはめれば「技能」を捉えられそうである．

　森は，暗黙知と技能の関係を次のように解説した[5]．既に述べたように，感覚運動系技能と知的管理系技能は，それぞれ感覚運動機構と知的管理機構に主に依存するが，暗黙知は感覚運動機構と知的管理機構の両方のなかに蓄積される[5]．暗黙知は無自覚であるために言語化が困難であるので，脳による記憶ばかりではなく，感覚運動機構にも蓄積されると考えられる．

　森と久下は，ものづくり現場における技能者の行動をモデル化するものとして，**図2.1** の行動モデルを示した[9]．「技能者」は，環境（主に外部の「作業対象」）とやりとりをすることでものづくり作業を行う．つまり，「入力情報」（作業対象の状態など）を視覚や聴覚などで確認しながら，「働きかけ」（手などを使って作業対象に対する加工や操作）を行うのである．「技能者」の枠内には「知的管理機構」と「感覚運動機構」があり，「作業対象」とのやりとりは「感覚運動機構」が受け持っている．また，「知的管理機構」は環境からの「入力情報」に対する「分析部」「検索照合部」「データストック部」「推論部」「方略

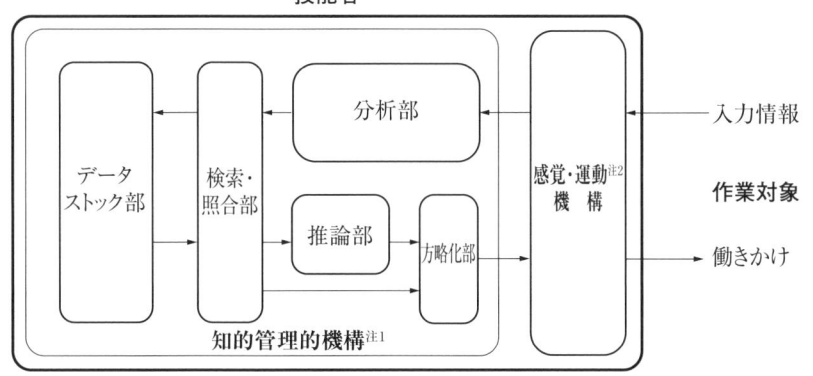

注1）　森は参考文献［5］の図3では「感覚運動機構」と表記している．
注2）　森は参考文献［5］の図3では「知的管理機構」と表記している．
出典）　森和夫，久下靖征(1989)：「生産技術教育の方法理論―方法仮説と授業実験―」，
　　　『職業訓練研究』，第7巻，p.7，図3-2　生産技能内部モデル．

図2.1　ものづくり現場の行動モデル

化部」をもっている．そして，「方略化部」は具体的な作業方法を運動機構に
指示して環境に働きかける．

(3)　ものづくり現場における暗黙知の4種類

　ものづくり現場における「暗黙知」を科学的に検討できるよう，森らは「暗
黙知」を次の4種類に分類した[5][10]．
　① 　判定型暗黙知：環境・状況・事態に対処するうえで必要となる判定や
　　　診断，推測，予測を担う．
　② 　加減型暗黙知：「加えるか減じるか」という量的把握と調整を担う．
　③ 　感覚型暗黙知：感覚の洗練度合いに依存する．目視による非接触の感
　　　覚(見極めのようなもの)及び手足による接触の感覚(手触りのようなも
　　　の)が含まれる．
　④ 　手続き型暗黙知：作業手順の把握及び制御，ならびに思考の過程を担
　　　う．
　この4種類の暗黙知のうち，①，②，③は感覚運動機構に，④は知的管理機

構に多く蓄積すると考えられる.

(4)　暗黙知の4階層

　技能を捉える,つまり,暗黙知の形式知化を考える場合,暗黙知の度合いを議論できると都合がよい.森らは,これを「暗黙知の階層」と表現し,4つの階層から成る仮説モデル[10]を示した.第1層は形式知に最も近いところにあり,第2層,第3層,第4層と深くなるに従って,不可視の度合いが高まる.以下,各階層それぞれを解説する.

　① 第1層:外部から第三者が観察でき,容易に記述できる.
　② 第2層:外部から第三者が観察するのは困難だが,作業者には自覚があり,インタビューすることで記述可能である.
　③ 第3層:作業者には自覚がないものの,第三者が作業者から聞き出したり,引き出したりすることで,記述可能になる.
　④ 第4層:作業者が無意識に行っているため,第三者が作業者に聞き出すといったことでは明らかにすることが極めて困難である.

　森らは,第3層までは観察したりインタビューしたりすることで形式知化できるものの,第4層については第三者自身が暗黙知を体得し,その背景の心を摑み取り,作業の本質を自ら考えながら記述するしかないと論じている.

　筆者は,第4層の暗黙知に対しても,技能科学を用いれば形式知化ができると考えており,また,人間科学および人間情報学を用いることで,作業者の無意識の行動を明らかにできれば,ものづくり(製造業)における技能・技術伝承も効率化できると信じている.

【コラム②:大工技能を工場に移管した例】

　業界を巻き込んで技能・技術の外部移管をした実例を紹介したい.

　この事例では,個々の企業でばらばらに技能・技術を伝承することよりも,その作業を外部の組織に移管することで業界が一体となったサービスを提供している.

　例えば,木造住宅建築の際に下小屋や現場で行っていた,「大工が墨付

けして，仕口・継手などの加工をする作業(**図 2.2**)」は，2000 年以降，工場でプレカットした木材を現場に搬入することが顕著になってきた結果，不要となった．

　木材のプレカット工場では，3 次元の CAD 情報に基づいて 3 次元で加工ができるようになったので，今の大工は，これまでの木材加工の経験を活かして 3 次元の CAD 図面を読み，例えば材料断面に違和感があれば，それを補正する調整を個別に行っている．このように，3 次元の CAD 情報から木材加工を機械で精度よく行えるようになったために，大工の技能がこれまでの経験を基にして知恵を活かす役割に変わった．つまり，ものづくり環境の設備と道具が高度化したことにより大工に求められる技能の内容が変化している．

　このように，技能・技術が機械に代替され，外部に移管されることで，熟練技能者の技能・技術の中身も変化していくケースは今後もますます増えていくだろう．

仕口
しくち

継ぎ手

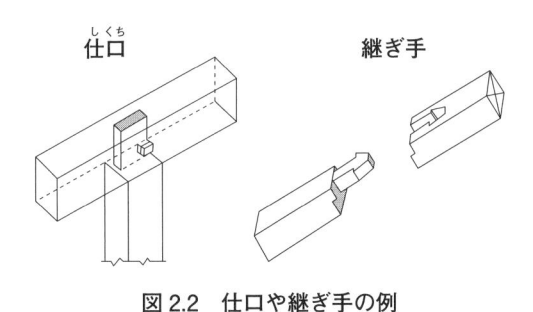

図 2.2　仕口や継ぎ手の例

第 2 章の参考文献

[1]　須藤秀樹(1995)：「辞書からみた「技術」と「技能」」，『技能と技術』，1995 年 1 月号，pp.61-66.

[2]　森和夫(1996)：「「技能」と「技術」に関する 93 人の定義」，『技能と技術』，1996 年 2 月号，pp.59-64.

[3]　森和夫(2005)：『技術・技能伝承ハンドブック』，JIPM ソリューション．

[4]　厚生労働省「技能検定制度について」(https://www.mhlw.go.jp/stf/seisakunits uite/bunya/koyou_roudou/jinzaikaihatsu/ability_skill/ginoukentei/index.html)

[5]　森和夫(2013)：「暗黙知の継承をどう進めるか」,『特技懇』, No.268, pp.43-49 (http://www.tokugikon.jp/gikonshi/268/268tokusyu2-4.pdf)

[6]　PTU 技能科学研究会編(2018)：『技能科学入門』, 日科技連出版社.

[7]　大崎正瑠(2009)：「暗黙知を理解する」,『東京経済大学人文自然科学論集』, No. 127, pp.21-39.

[8]　Michael Polanyi(1996)：『暗黙知の次元』(高橋勇夫訳), 筑摩書房.

[9]　森和夫, 久下靖征(1989)：「生産技術教育の方法理論—方法仮説と授業実験—」,『職業訓練研究』, 第 7 巻, pp.1-30.

[10]　森和夫, 森雅夫(2007)：『3 時間でつくる技能伝承マニュアル』, JIPM ソリューション.

第3章

技能科学を適用した暗黙知の形式知化

3.1 技能科学を支える人間情報学

　技能科学を支える人間情報学について，第2章の内容を踏まえて解説する．

　ものづくりの作業現場において，暗黙知である技能を形式知化するためには，暗黙知の程度(階層)を考えなければならない．2.3節(4)で解説したように4階層に区分できる暗黙知に対して，第1層から第3層までは外部から観察したり，うまくインタビューしたりすれば形式知化が可能だが，第4層の暗黙知は作業者自身が無意識のものなので，第三者が勘やコツを聞き出すことは困難である．しかし，作業者の無意識な行動を何らかの方法で科学的に捉えることができれば形式知化の可能性がある．ここで人間科学や人間情報学が役立つ．本章における「人間情報学」は人間科学も含めた表記とするので注意してほしい．

　人間情報学の観点でものづくり作業を見るとき，作業者，作業対象，環境の全体を考える必要があるが，これらをモデル化して検討する分野がヒューマンインタフェースや認知科学である．人間の行動に対してはさまざまなモデルが提案されており，2.3節の行動モデル(図2.1)もその一つである．図2.1は一般に人間の情報処理モデル[1]などとよばれており，カードの人間情報処理モデル[1][2]が有名である(図3.1)．こうしたモデルの特徴は，感覚を通して環境情報を入力し，脳内の処理(記憶，認知，判断，動作形成など)を経た後に，出力として効果器(手足など)による行動が発生するところにある．また，人間(内部モデル)と外部の環境との相互作用が表現されている特徴も共通しているが，この特徴は技能科学と密接な関係がある「人工物の科学」の着眼点でもある[3]．脳内の情報処理モデルとしてさまざまなものが提案されているので，実際のものづくり作業に当てはめることで，作業の科学的な検証に利用できる．

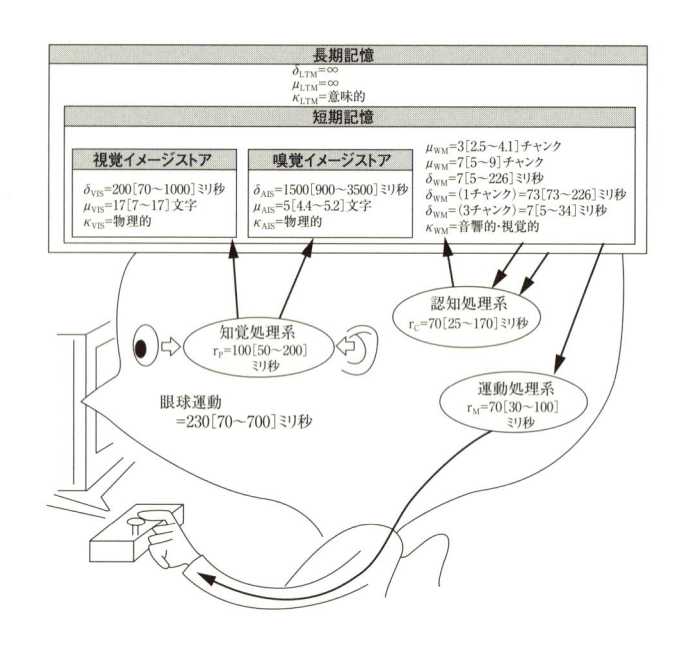

出典1)　吉川榮和編著，仲谷善雄，下田宏，丹羽雄二著(2006)：『ヒューマンインタフェースの心理と生理』，コロナ社.

出典2)　Card, S. K., Moran, T. P., Newell, A.(1983)："*The psychology of human-computer interaction*", Erlbaum Associate.

図3.1　カードの人間情報処理モデル

　モデルに現れる個々の要素(感覚，運動，脳)に対しては，以下のように考えるとよい．ものづくり作業で，作業者は感覚運動機構と知的管理機構を利用しているが，両機構には**2.3節**(3)で解説したとおり，判定型，加減型，感覚型あるいは手続き型の暗黙知が含まれている．ここで，人間の感覚機構(視覚，聴覚，触覚，嗅覚などによる)や運動機構(手足，体幹，頭などによる)は，暗黙知の第4層(無意識な動作)に対しても反応する可能性がある．また，知的管理機構でも，無意識に対して自律神経系(交感神経系，副交感神経系)や中枢神経系(脳)の反応が見られる可能性がある．こういった可能性について「人間情報学，特に生体計測工学，生体情報工学などを用いて検証(測定・評価)できるかどうか」がポイントである．知的管理機構のうち，行動計画や作業手順は手

続き型暗黙知だが，その分析方法に作業分析や工程分析がある．これは，人間情報学(人間工学を含む)の一分野であると同時に，社会システム工学(経営工学，オペレーションズリサーチなどを含む)の一分野でもある．さらに，経営工学には人間情報学と重なる領域がある[1]．このようなことから，作業分析や工程分析は技能科学の4側面のうち2側面にまたがっているといえる．

2.3 節(4)で解説したとおり，暗黙知の第3層まではインタビュー(質問)による形式知化が有効で，心理学や認知科学が役立つ．そのため，これらの領域も人間情報学および社会システム工学に含まれる．

3.2　人間情報学による暗黙知へのアプローチ

本節では，人間情報学による暗黙知の形式知化を具体的に解説する．

(1)　人間工学による作業分析

人間工学は，1950 年代に，ヨーロッパおよび米国で，別々に発展してきた学問を起源としている[5]．ヨーロッパではエルゴノミクス(ergonomics)[2]とよばれて，当初，労働者と職務の関係に注目し，労働者の疲労軽減や健康確保を目的としていた．米国ではヒューマンファクターズ(human factors)とよばれて，当初，機器や操作環境を人間の諸特性に適合させることを目的としていた．エルゴノミクスとヒューマンファクターズが融合し始めたのは 1990 年代以降のことである．

日本では，1921 年に米国の human engineering を訳した「人間工學」という用語が心理学分野から紹介されたのが始まりだが，1960 年代には日本人間工学会が設立され，以降，エルゴノミクスおよびヒューマンファクターズが融合した学問分野として現在に至っている．

---

1)　公益社団法人日本経営工学会が対象とする「専門分野表」[4] のなかには，対象を重視した大分類として「人間」があり，そのうちの小分類の専門分野には「人間工学」「作業」「行動・思考」が含まれている．各分野のキーワードを見ると，「人間工学」では人間工学，ヒューマンマシンシステム，感性工学，「作業」では作業測定，方法研究，作業管理，「行動・思考」では行動科学，産業心理学，認知科学などの学問が並んでいる．

2)　ギリシャ語で「労働」を意味する ergon と科学を意味する nomos とを組み合わせた造語である．

　人間工学に基づく作業分析の目的は，「機器の操作手順や作業順序などを分析することで，作業者が何をやっているかを知ること」である[6]．

　本章では，作業分析のうち，「タスク分析」と「動作分析」を解説する．

(a)　タスク分析

　タスク分析とは，「ある目的を達成するために行われる一定の手順を分析すること」であり，ある行為を行程，作業，動作に細分化する方法を，階層化タスク分析という[6]．この一例として，機器の操作に不慣れなユーザがハードディスクレコーダーでテレビ番組を録画予約する方法の分析例を**図3.2**に示す．これに対して，作業の一部や動作の一部を省略できることを知っているような，操作に慣れたユーザであれば，もっと短時間で録画予約を終えることができるだろう．この分析法は，機器に対するユーザの暗黙知を分析できるだけでなく，使いやすい機器の設計にも活用できる．

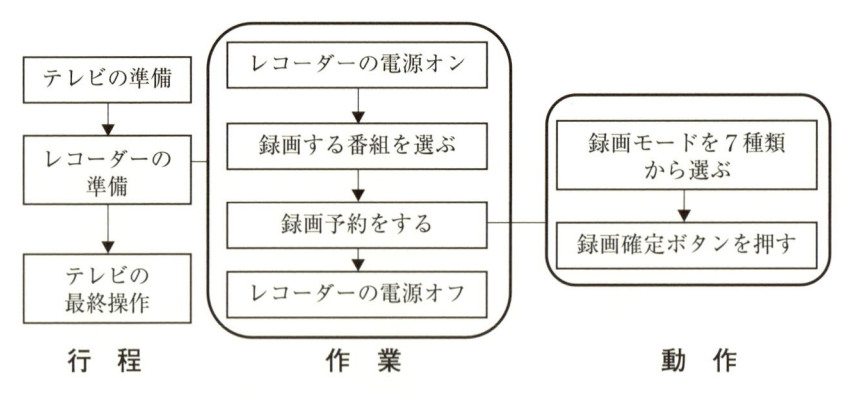

図3.2　階層化タスク分析の一例(テレビ番組の録画予約)

(b)　動作分析

　動作分析とは，「作業者の作業手順を記号により表現することによって作業手順の把握と評価を行うもの」である[6]．古くから行われている手法として，工程分析(JIS Z 8206-1982)やサーブリック法がある．工程分析の目的は，**表**

3.1 のような記号を用いて工程分析図(プロセスチャート)を作成し，工程の流れを見える化することである[3]．サーブリック法(**図 3.3**)[3]は，人間の動作を目的別に細分化し，あらゆる作業に共通と考えられる 18 種類の動作に与えられた表記を用いて，作業内容を詳細に見える化する[3]．

表 3.1　JIS Z 8206　工程図記号の基本図記号

番　号	要素工程		記号の名称	記　号	意　　味	備　　考
1	加　工	加　工		◯	原料，材料，部品又は製品の形状，性質に変化を与える過程を表す．	
2	運　搬	運　搬		◯	原料，材料，部品又は製品の位置に変化を与える過程を表す．	運搬記号の直径は，加工記号の直径の $\frac{1}{2} \sim \frac{1}{3}$ とする．記号◯の代わりに記号⇨を用いてもよい．ただし，この記号は運搬の方向を意味しない．
3	停　滞	貯　蔵		▽	原料，材料，部品又は製品を計画により貯えている過程を表す．	
4		停　留		D	原料，材料，部品又は製品が計画に反して滞っている状態を表す．	
5	検　査	数量検査		□	原料，材料，部品又は製品の量又は個数を計って，その結果を基準と比較して差異を知る過程を表す．	
6		品質検査		◇	原料，材料，部品又は製品の品質特性を試験し，その結果を基準と比較してロットの合格，不合格又は個数の良，不良を判定する過程を表す．	

出典)　日本工業標準調査会(審議)(1982)：『JIS Z 8206：1982　工程図記号』，日本規格協会.

---

3)　フランク・ギルブレス(1868〜1924)とその妻リリアン・ギルブレス(1878〜1972)によって考案された．

類別	名　称	記号	記号の説明	類別	名　称	記号	記号の説明
第1類（仕事を進めるために必要な動作）	空手移動		手に何も乗せていない形	第2類（第1類の動作を遅くする傾向のあるもの）	探す		目で物を探す形
	つかむ		手で物をつかむ形		見いだす		目で物を探しあてた形
	運ぶ		手に物を乗せた形		選ぶ		目的物をさす形
	位置決め		物を指の先端に置いた形		考える		頭に手を当てている形
	組み合わせ		組み合わせた形		用意する		ボウリングのピンを立てた形
	分解		組み合わせた物から1本離した形	第3類（仕事が進んでいない動作）	保持		磁石に物を吸い付けた形
	使う		英語のUseのU		避けられない遅れ	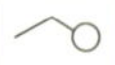	人がつまずいて倒れた形
	放す		手から物を落とす形		避けられる遅れ	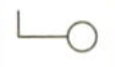	人が寝ている形
	調べる		レンズの形		休む		人がイスに腰かけた形

出典）　職業能力開発総合大学校能力開発研究センター編(2001)：『生産工学概論』, p.56, 雇用問題研究会.

図3.3　サーブリック記号

(2)　認知科学による質的研究法

　認知科学は1950年代後半に生まれた学際領域の学問であり，その定義はさまざまである．

　日本認知科学会(1983年設立)のWebページでは，「人間を中心とする脳をもつ動物の心の動きを内側(言語や，脳内につくられた外界のモデルが対象)から解明しようとする科学」と説明されている[7]．

　鈴木は，『教養としての認知科学』(東京大学出版会，2016年)[8]で「知的システムの構造，機能，発生における情報の流れを科学的に探る学問」と定義した．ここで「知的システム」とは，人間に限らず，動物，人工物(プログラムを含む)，社会，組織なども含んでいる．また，「機能」は，はたらきの意味であるが，認識や行為，動作，行動も研究対象である．そして，「情報の流れ」とは，例えば，「人間が何らかの感覚刺激を受け取り，それを記憶したり，再利用したりしながら，行為を実行し，目標を達成すること」が挙げられる．

　認知科学から技能を説明する試みに質的研究法がある[3]．これは，対象者

に対してインタビューや観察などをすることで，質的，つまり数値では表現できないような過程や現象を説明したり解釈したりする研究法である．この特徴として，「簡単に数値化できないさまざまな現象を説明できる点」「対象者が少数でも分析できる点」「意識されない状態で作業している現象を説明できる点」などが挙げられる．このような特徴から，質的研究法は暗黙知の形式知化に用いることを期待できる．

また，「質的研究法は客観性に乏しい」という批判があるが，可能な限り客観性を高めた分析手法が広く利用されている．例えば，分析手法の一つであるSCAT 法は，発言やアンケートによる自由記述を分析するのに適しており，分析過程が可視化され個別具体性の高いデータの理論化に適しているため，熟練技能者の本能的行動を支配している認識上の知識を引き出す手法として有効である[3]．

羽田野・菊池は，質的研究法を技能者の技能習得過程を分析するために実施した[9]．このとき，質的なデータを収集するため，熟練技能者 1 名を対象として 3 年間で合計 12 回の面接を実施し，対象者の発言を口述筆記，要約したものを言語データとした．この言語データを分析対象として SCAT 法を実施し，ストーリーライン(データに記述されている出来事に潜在する意味や意義を書き表したもの)を得た．このストーリーラインから，対象者がもつ個人理論[4)]を導き出したのである[3][9]．

(3) 暗黙知の階層に応じた観察とインタビュー

森らは，暗黙知の 4 階層に応じた形式知化作業の方法(観察とインタビュー)を提案している[10]．以下は，作業者に対して分析者が行う 4 つの手段である．

① 見て，言語化する

分析者は作業者の行動を観察して，具体的かつ明確に記述する．この際，作業順序に従って時系列に記述する．これは，暗黙知の第 1 層の形式知化に対応する．

---

4) 例えば，「ミスは連鎖するもの」「練習で培った実力が必ずしもそのまま発揮できるわけではなく，身体反応や他者視線，遅れや失敗などさまざまな抑制要因が働くもの」「本番とは身体ストレス反応が生じるもの」などである．

② 基本的な問いによるインタビュー

　　分析者が作業者に基本的な質問を行い，その回答を記述する．質問の内容としては，感覚機構に関する質問(「何を見るか」「何を聞くか」など)，知的管理機構に関する質問(「何を判断するか」など)，運動機構に関する質問(「どう動くか」など)を基本とし，補助的な質問(「どの程度」「何を手掛かりに」「いつまで」など)を加える．このように，質問内容が感覚運動系技能，知的管理系技能に直接的に関係するため，森によれば，暗黙知の大半はこのインタビューによって明らかにできるという[10]．これは，暗黙知の第 2 層の形式知化に対応する．

③ 仮説検証の問いによるインタビュー

　　分析者は，作業の合理性に着目して仮説を立てたうえで質問し，それへの回答を記述する．この回答が仮説と一致すれば，仮説が暗黙知の解明につながる一方，もし仮説と一致しなければ「どこが違うのか」「なぜ違うのか」を明らかにするための質問を追加で行う．作業者の回答があいまいなところにこそ暗黙知への手掛かりがある．特に，分析者が考える「自然で合理的で納得のいくやり方」で理解できない部分に対して，集中的に質問するとよい．この方法で暗黙知の核心部分を明らかにできる[11]．これは，暗黙知の第 3 層の形式知化に対応する．

④ 分析者が体得した後に言語化する

　　分析者自身が暗黙知を体得し，自分自身と対話することで暗黙知を明確にするやり方で，ある程度は有効だが，森は「本質部分は記録不可能」と述べている[11]．

(4)　ラスムッセンの 3 階層モデル

　3.1 節で人間の情報処理モデルを紹介したが，1983 年にラスムッセンは人間行動のパフォーマンスについて図 3.4 のようなモデルを示した[12]．これは，3 つの典型的な階層(①スキル，②ルール，③知識)の構造および相互の関係性を図示したものである．図 3.4 では，「スキル・ベース行動」「ルール・ベース行動」「知識ベース行動」という 3 行動が 3 階層でモデル化され，スキル・ベース行動が外部環境と接続されている．各階層をそれぞれ解説すると，以下のよ

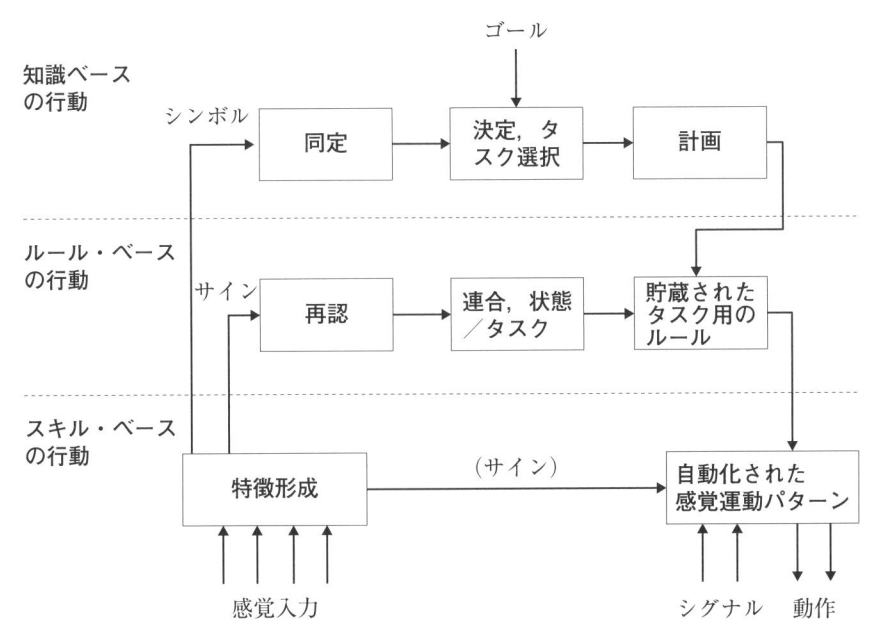

出典）　J. ラスムッセン（1990）：『インタフェースの認知工学』（海保博之，加藤隆，赤井真
喜，田辺文也訳），啓学出版.

図 3.4　ラスムッセンの 3 階層モデル

うになる.

（a）　スキル・ベース行動

　スキル・ベース行動は，行動における感覚運動パフォーマンスを表している.
環境からの情報が感覚から入力されると，高度に統合された「滑らかな行動パ
ターン」が自動的に生成される. そして，意識的な制御を伴わずに運動パター
ンが生成されて，身体が動作し，その動作が環境に作用する[13]. この行動は
熟練したパフォーマンスの特徴であり，無意識的である. 「滑らかな行動パ
ターン」が自動的に生成されるケースについては，自転車の運転を考えるとわ
かりやすい. この行動には柔軟性があり，自動化された幅広い行動パターンの
なかから，目的にかなった組合せを構成する能力を有する. この行動パターン

を活性化させる手掛かりが，感覚情報のパターンとなる「サイン」(**図3.4**)である．感覚入力から抽出された特徴が「サイン」となり，対応する行動パターンが発生する[14]．その一方で，「シグナル」(**図3.4**)とは，特徴抽出の段階を経ずに，感覚からの入力が直接，行動パターンと結びつく場合の感覚刺激を指す[14]．これは，条件反射的な行動と考えることができる．

(b)　ルール・ベース行動

　ルール・ベース行動では，「サイン」として知覚された情報があらかじめ決定されている動作や操作を活性化したり修正したりする役割を果たす[13]．この行動では，「サイン」は習慣や先行する経験によって対応づけられた状況や行動を指すものである．言い換えると，「サイン」は，熟達した行動パターンの流れを制御するルールの選択や修正に対してのみ用いられるものであり，推論や新しいルールの生成，未知の障害に対する環境の反応の予測といったことに用いることはできないのである[13]．

(c)　知識ベース行動

　知識ベース行動では，環境からの情報は「シンボル」(**図3.4**)として知覚され，環境の未知の振る舞いを予測したり説明したりするための推論が行われる[13]．不慣れな状況では，過去の経験からのノウハウやルールが存在しないため，高次のレベルで行動の制御が行われる．ここでは，「ゴール」(**図3.4**)が定式化されている．いくつかの行動パターンが検討される際，「ゴール」に対して，物理的に試行錯誤によりテストしたり，概念的に効果を予測したりする場合があるが，最終的に有用な行動パターンが選択される．

　以上のようなラスムッセンの3階層モデルは，しばしば感覚運動系技能の獲得における考察に用いられる．このとき，スキル・ベース行動の特徴(無意識的で，意識の制御を伴わずに運動パターンが生成される)は，まさに暗黙知の第3層(無自覚)あるいは第4層(無意識)に当てはまるといえるし，ルール・ベース行動の特徴(感覚運動パフォーマンスを表すものであり，感覚運動機構に依存する)は，感覚運動系技能と共通点があるといえる．さらに，知識ベー

ス行動の特徴(試行錯誤により行動パターンの検証・選択が行われる)から知的管理機構に依存するといえる.

ラスムッセンの3階層モデルが応用できる具体的な技能獲得について,ラスムッセン自身[13]は楽器の演奏や子供の言語修得,歩行や自転車乗り,自動車運転,道具・装置の操作,礼儀作法における付き合いといった事例を挙げている.田中は,自動車の運転操作における行動を分析している[14].筆者らは,機械加工におけるフライス盤作業の技能に対してラスムッセンのモデルを適用し,フライス加工作業を分析した[15].この研究では,3階層モデルと神経系活動とを結びつけた点に特徴があり,行動が高次になるに従って緊張度が上昇し,前頭前野の脳活動が活性化すると予想した(図 3.5).

(5) 身体性認知科学の視点による技能分析

認知科学が 1950 年代後半に生まれたことは既に述べた.当時の認知科学は情報処理の観点から,人間の行動を概念的に内側から解明するものとされ,抽象的・仮想的で実世界(環境)との関わりを考慮しなかったので,感覚や身体動作は含まれなかった.このようなものの見方を認知主義的パラダイムという[16].

しかし,認知主義的パラダイムには問題点があった[16].実世界との関わりを考慮せず,詳細に定義された「仮想世界」に目を向けてきたせいで,「人間は物理的な身体をもって,実世界に存在している」という現実を無視してきたため,知能を説明するには不完全だったのである.現実は非形式的で,動きにも無限の可能性があるため,完全な定義をすることができない.加えて,人の視野や身体動作の範囲は空間的に限定されており,身体や道具などの動作にも時間的な特性(動特性)がある.さらに,実世界では外乱や故障も発生し,未知の状況にも遭遇する.認知主義的パラダイムでは,これらを適切に説明したり,これらに対して適切に振る舞うことができないのである.

このような問題があるため,1980 年代の終わり頃になって,身体性認知科学という新しい分野が現れた[16].ここでの「身体性」は,「物理的な実体を有すること」を意味する.身体性認知科学は,新たに2つの考え方に注目した.第一は,「実世界との相互作用に注目すべきである」という考え方であり,第二は,「知能は身体(物理的な実体)に宿るものであるから,身体が存在する必

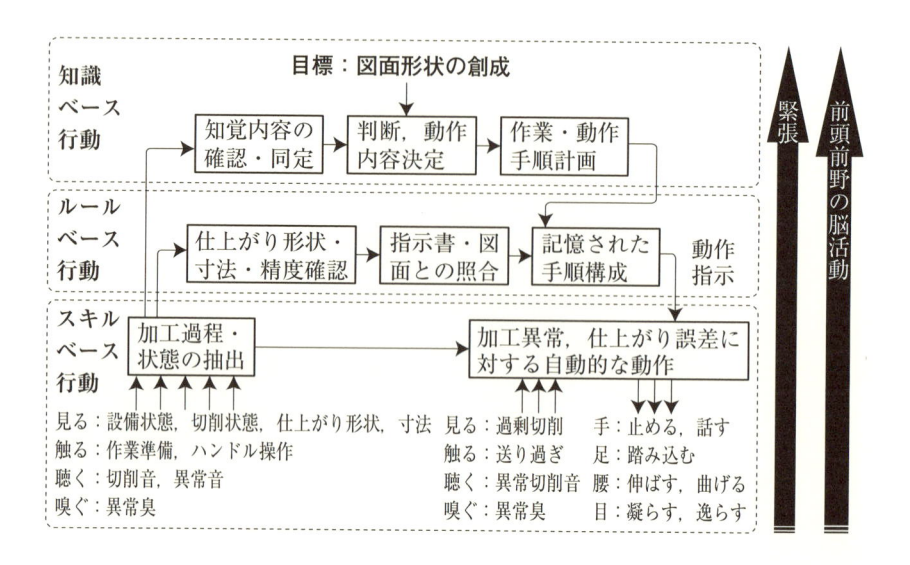

出典）　不破輝彦，菅野恒雄，和田正毅，岡部眞幸，池田知純，二宮敬一，寺内美奈，竹
　　　　下浩，新目真紀，小山田孝輔，小林優介，西ノ園太一，山田駿太，山本尚明，古川
　　　　勇二(2005)：「身体性認知科学に基づくフライス加工技能のユーザモデルと生体計測
　　　　との関係」，『ヒューマンインタフェースシンポジウム 2015 DVD-ROM 論文集』，
　　　　pp.821-824.

**図 3.5　機械加工のフライス盤作業に対する 3 階層モデルと神経系活動
　　　　（緊張，脳活動）との関係**

要がある」という考え方である．この 2 つをまとめると，「人間の行動や環境
への適応を考えるためには，人間と環境との身体的な相互作用の存在が重要」
ということである．この考え方により，認知主義的パラダイムの問題点を克服
することができる．

　身体性認知科学の基本的な 6 個の概念を以下に解説する[16]．

　　①　自律性（autonomy）

　　　　外部からの制御が存在しないことだが，ある程度，環境や他のエー
　　　　ジェント[5]に依存する．ただし，他から完全に制御されることはない．

---

5)　ここで用いられる用語「エージェント」とは，人間や動物，ロボットなどを総称した
　　行為者，動作の主体のことである．

② 自己充足性（self-sufficiency）

　長期間にわたってエージェントが自身を維持する能力であり，エージェントの自律性の程度を高める．

③ 適応性（adaptivity）

　絶え間なく変化する予測不可能な環境のなかで，エージェントが長期間にわたって自己を維持するために必要な能力である．つまり，自己充足性が最後にたどり着くところである．適応とは，変化する環境のなかで何らかの構造が維持されることを意味し，以下の4種類に分類できる．

　　1）　進化的適応（生物が環境変化に対処するために行う，長期間にわたる遺伝的な調整）

　　2）　生理的適応（個体が，環境の変化などに対処するための生理的な調整（発汗など））

　　3）　感覚器的適応（感覚器官が，検出対象である刺激の強度変化に対処するために行う調整過程（瞳孔径の調節など））

　　4）　学習による適応（動物が，多様な環境の変動への対処を可能とする過程）

④ 身体性（embodiment）

　エージェントが物理的実体をもつことである．身体性を有するエージェントは，環境と相互作用しなければならない．

⑤ 立脚性（situatedness）

　エージェントが，自分自身の感覚を通して環境との相互作用のなかで，現在の状態に関する情報を獲得できることである．エージェントの視点から見た世界は，観察者の視点から見た世界とは非常に異なっていることを認識する必要がある．そのため，エージェントの視点を取り入れることが重要である．

⑥ 創発（emergence）

　設計者によってあらかじめプログラムされていないような振る舞いをできることでだが，人間の場合は「あらかじめ学んでいない新規の状況に対応できること」を意味する．個々の対処法（高位の存在論）がない場合でも，センサや感覚，モータシステム，身体といった低位の事項（低

位の仕様)を用い，環境と相互に作用することによって，創発は発現する．

■身体性認知科学の視点による技能分析の例

身体性認知科学を取り入れた研究として，古川，不破らのグループによるフライス加工技能に対する研究[17] [18]を取り上げたい[6]．

この研究ではフライス加工中の作業者の各種生体情報を測定し，熟練者と中級者とを比較している．このとき，作業に対する生理的適応を調べるために，自律神経系の測定(心電図，皮膚コンダクタンス，呼吸)を行い，身体性を調べるために，作業者の身体各部にマーカを取り付けて3次元動作解析を行い，立脚性を評価するために，感覚入力として作業者自身の視線をアイマークレコーダで測定した．加えて，脳活動を評価するために，前頭前野の脳血流量変化を測定した．

図3.6(a)，(b)に各種センサ類を装着した作業中の被験者の一例を，また図3.6(c)にアイマークレコーダ映像の一例を示す．図3.7は，中級者(左側)と熟練者(右側)を比較した結果である．上段が皮膚コンダクタンス(一過性の精神的動揺を示す)，下段がHEG値(脳の前頭前野の活動度を示す)である．図3.7は，中級者のほうがフライス加工作業中の脳活動(思考，検討，判断)の程度が高く，一過性の精神的動揺も大きいことを示している．

(6)　人間情報の測定[7]

3.1節で述べたように，技能科学を支える人間情報学のうち，人間の感覚運動機構や知的管理機構を測定・評価するには，生体計測工学，生体情報工学などが必要となる．

本項では以下，具体的な測定・評価手段について解説する．

---

6)　なお，本研究[17][18]は，科研費25289018の助成を受けて実施したものである．ここに記して深謝する．

7)　本項で紹介した測定法の一部は，科研費25289018，17K01068の助成を受けたものである．ここに記して深謝する．

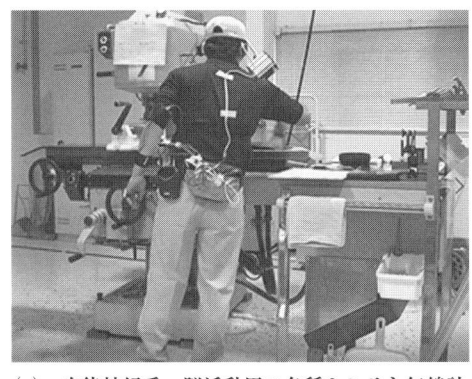

(a)　自律神経系，脳活動用の各種センサと無線計
測・送信装置を腰部に装着した作業中の被験者

(b)　3次元動作解析装置用のマーカ，
アイマークレコーダを装着した被験
者

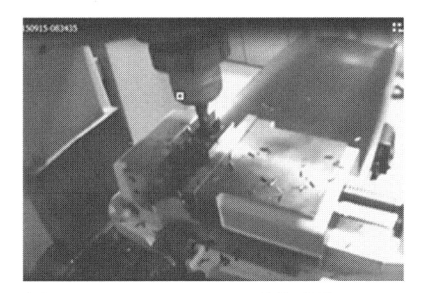

(c)　アイマークレコーダ映像（例）

出典）　不破輝彦，池田知純，岡部眞幸，菅野恒雄，寺内美奈，二宮敬一，繁昌孝二，和
田正毅，古川勇二(2016)：「暗黙知を人間科学の力で"見える化"する―フライス加
工技能に対する試み―」，『技能と技術』，pp.3-9.

図3.6　フライス加工技能に対する研究の様子

(a)　脳機能の測定

技能科学において，脳機能は極めて重要である．

人間の情報処理モデルでは脳活動がモデル化されており，例えばカードの人
間情報処理モデル（**図3.1**）における認知処理系，森らの行動モデルにおける知
的管理機構（**図2.1**），ラスムッセンの3階層モデル（**図3.4**）における知識ベース
行動やルール・ベース行動などは，脳の活動がモデル内で表現されている．脳
機能の測定は，これらのモデルと現実の作業者の行動を結びつけて考察するた

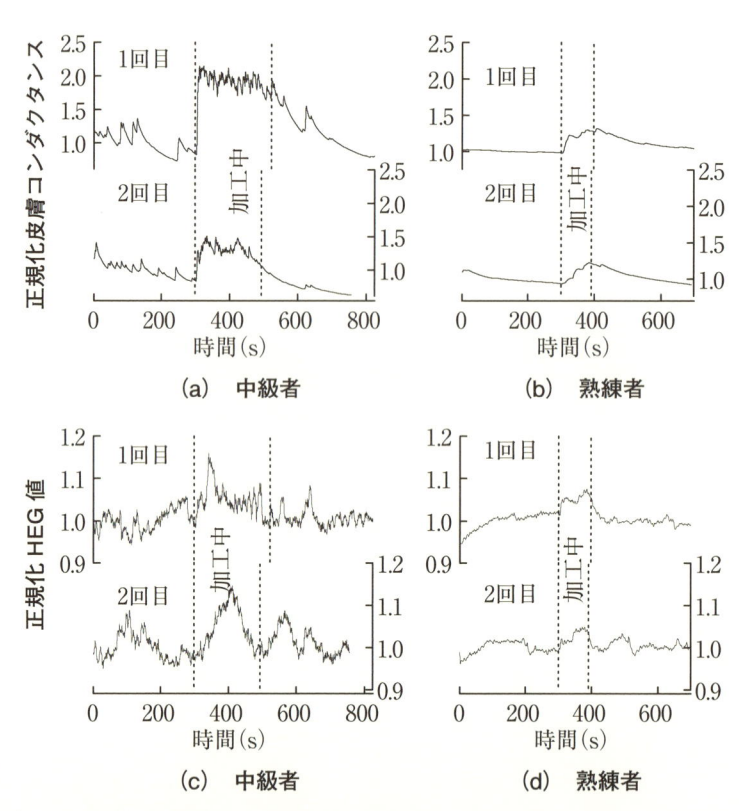

出典）　不破輝彦，池田知純，岡部眞幸，菅野恒雄，寺内美奈，二宮敬一，繁昌孝二，和
　　　田正毅，古川勇二（2016）：「暗黙知を人間科学の力で"見える化"する─フライス加
　　　工技能に対する試み─」『技能と技術』，pp.3-9.

**図3.7　フライス作業中の皮膚コンダクタンス（上段）と脳血流量変化
（HEG値，下段）．中級者（左側）と熟練者（右側）の比較**

めの重要な手段となる．

　脳機能を測定するためには，従来から脳波がよく使われているが，脳波の信
号が微弱（振幅は μV 単位である）であり，電磁的ノイズに弱いため，測定が困
難な場合が多い．そこで近年急速に活用され始めているのが，NIRS（Near
Infrared Sectroscopy；近赤外分光法）による脳機能計測である．NIRS では，
レーザあるいは LED を用いて近赤外線を頭部表面から脳表面に向けて照射し，

その反射波から酸素化ヘモグロビン量，脱酸素化ヘモグロビン量をセンサで捉えることで，センサ直下部分の脳血流量変化を測定する．近赤外線を利用するため，電磁的ノイズに強い特徴があるが，同じ近赤外線を利用する計測機器（後述するアイマークレコーダ，3次元動作解析装置など）と併用したい場合は，特別な対策が必要となるなど，注意を要する．NIRS の計測装置は血液中のヘモグロビンが近赤外光を吸収する性質を利用した医療機器であるが，脳血流量変化が脳の賦活（活性化）を表すことから，医療分野以外に脳と関わるさまざまな分野（例えば心理学，認知科学，スポーツ科学，技能科学など）で使われている．図 3.8 は測定システム一式の例である．

　技能科学の使用例として，侯と綿貫は，バーチャルリアリティ環境および実環境における旋盤加工訓練時の脳賦活反応計測を NIRS により行った[19]．また，不破らは，フライス加工中の前頭前野の脳賦活度を HEG 値として測定し，熟練者と中級者で比較した（**図 3.6 および図 3.7**）[18]．また，**図 3.9** は，はんだ

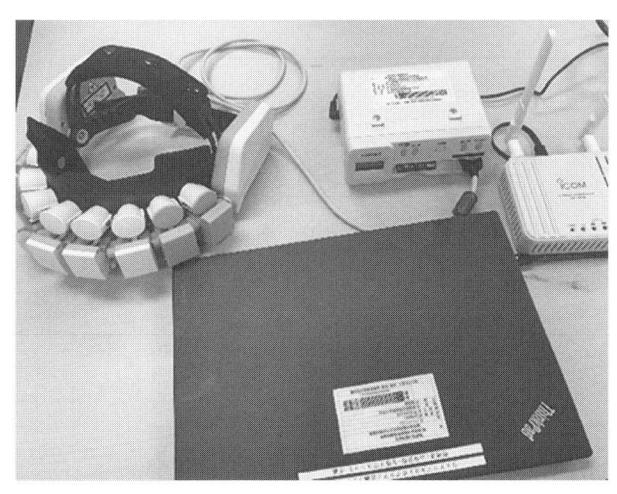

注）　上左および上中：前頭前野を測定部位とするヘッドセット，およびヘッドセットと接
　　　続された Wi-Fi 式の携帯制御 box（WOT-100（10ch），㈱ NeU）
　　　右端：Wi-Fi アクセスポイント（アイコム㈱）
　　　下：制御用ノートパソコン（ThinkPad，レノボ・ジャパン㈱）

図 3.8　NIRS の測定システム（例）

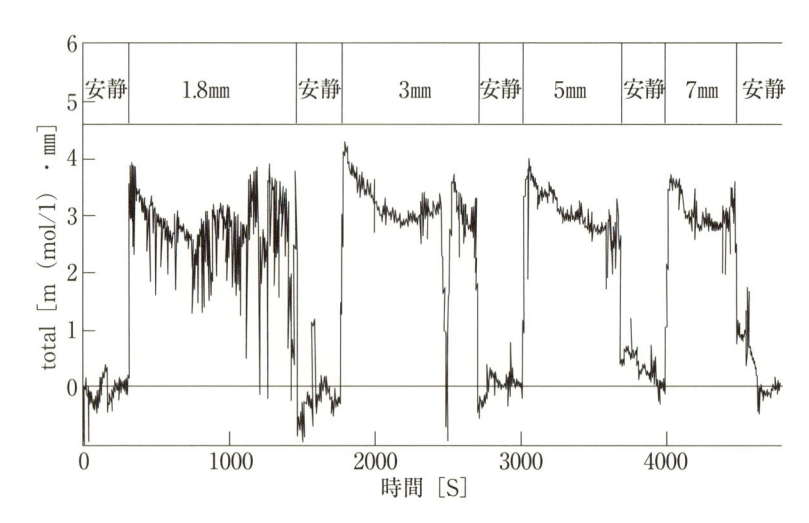

注）　はんだ付け練習中の被験者1名の総ヘモグロビン量を示す．「安静」は作業していな
　　い期間，1.8mm，3mm などは，はんだ付け練習用基板のランドサイズを示している．

図3.9　NIRS の測定システムによる測定（例）

付け作業中の被験者を筆者の研究グループが計測した一例である．電子素子を
基板にはんだ付けする練習のために，基板のランドサイズを 1.8mm から 7mm
まで変化させたときの，作業中被験者の総ヘモグロビン量を示す．このとき，
作業をしていない安静時に比べて作業中は総ヘモグロビン量が上昇し，前頭前
野の脳賦活度が高くなっていることがわかる．

（b）　自律神経活動の計測

自律神経活動は人間の感性や活動，緊張感や快適性などを表すため，人間工
学や心理学などの分野で計測されることが多い．技能科学においては，身体性
認知科学の概念の一つである「適応性」に対して，自律神経活動の測定が有効
と考えている．特に，ものづくり作業中の被験者の自律神経活動を測定すれば，
作業に対する生理的適応および感覚器的適応を評価できる可能性がある．

皮膚電気活動（Electrodermal activity：EDA）は一過性の精神的動揺や，精
神的ストレスの評価に用いられる．精神的ストレスは交感神経系の興奮により

汗腺の活動を活発化させるため，掌や指などに精神性発汗を引き起こす．皮膚表面の汗は，物理的に電気抵抗を低下させるので，皮膚コンダクタンスは上昇する．図3.10は皮膚コンダクタンスのセンサである．図3.7上段でフライス加工中の中級者(左)と熟練者(右)の皮膚コンダクタンス変化を示した[18]が，熟練者のほうが加工中の値の上昇が小さかった．この結果から，「熟練者は作業に適応していたが，中級者は作業に対する精神的動揺や精神的ストレスがある」と推定できる．

このほかにも，作業中の心電図あるいは脈拍を測定し，心拍変動(心拍数の時間的変化)を求めることで，作業に対する自律神経活動を評価することができる．心拍変動の低周波成分($0.04 \sim 0.15$Hz)のパワーをLF，高周波成分($0.15 \sim 0.4$Hz)のパワーをHFとしたとき，LF/HFは自律神経バランスの指標として知られており，この値が大きいほど交感神経活動が副交感神経活動よりも優位である．筆者の研究グループの実験では，フライス加工作業中のLF/HFは，加工前の安静時よりも値が上昇する傾向があり，これはフライス作業により被験者の緊張度が上がっていることを示すものである．

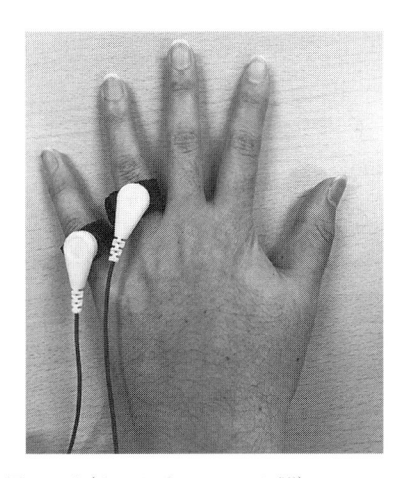

注）NeXusシステム用センサ(キッセイコムテック㈱)

図3.10　皮膚コンダクタンスのセンサ(例)

（c）　視線の計測

　感覚運動系技能は人間の感覚機構に依存するため，作業者の感覚を分析する
ことは極めて重要である．人間の情報処理モデルでは，感覚入力が環境と人間
とのインタフェース部分であるため，重要な要素となる．また，身体性認知科
学では立脚性が重要な概念の一つとなるので，観察者の視点ではなく，作業者
自身の視点を明らかにすることに大きな意味がある．このような場面で用いら
れるものが，アイマークレコーダである．これによって，被験者の視野カメラ
映像に被験者が見ている点（注視点）を示すことができる．

　図 3.11 はアイマークレコーダの一例で，近赤外照明の角膜反射像を利用し
た機種である．アイマークレコーダよりも手軽に視線を確認できる簡易的な方
法として，ウェアラブルのビデオカメラを用いる方法もある．**図 3.12** はフラ
イス加工中の被験者がウェアラブルカメラを装着し，作業者目線を測定してい
る様子である．

　ものづくり技能における注視点の計測例として，武雄，夏は，マイクロメー
タによる寸法測定作業中の注視点を測定し，上級者と初心者で比較してい
る[20]．また，筆者の研究グループでもフライス加工作業中の被験者の注視点

注）　帽子のつば部分にナックイメージテノロジーの眼球計測用のカメラ（EMR-9）を付け
　　　ている．
出典）　ナックイメージテクノロジー「製品情報」（https://www.eyemark.jp/product/
　　　emr_9/index.html）

図 3.11　アイマークレコーダーの視野カメラ

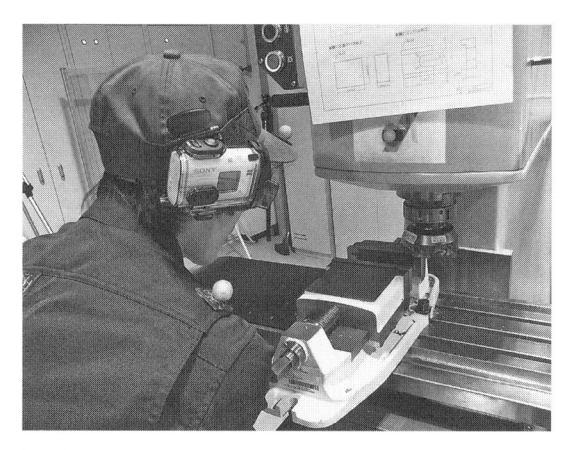

注) フライス加工作業中の被験者が側頭部にビデオカメラ(ソニー㈱)を装着している.

図 3.12 ウェアラブルカメラによる視線計測(例)

を測定している[18][21](作業中の一例は**図 3.6**(b)に,被験者の注視点が示された視野カメラ映像の一例は**図 3.6**(c)).

(d) 動作解析

感覚運動系技能は人間の運動機構に依存するため,人間の動作を解析することは極めて重要である.人間の動作は人間情報処理モデルの出力であり,身体性認知科学の視点では,身体性の結果として環境との相互作用の一端を担う.

2次元あるいは3次元座標上で人間の動作の時間的変化を測定することは,スポーツ科学における競技分析や,人間工学における動作計測などでよく用いられてきた手法である.近年では,技能伝承のために,画像技術を用いて技能者の3次元動作を解析する手法も行われるようになってきた[22][23].このとき,2次元であれば1台のビデオカメラ,3次元であれば複数台のビデオカメラを用いた動作解析システムが用いられる.複数のカメラを用いて3次元座標を推定する方法を DLT 法(Direct Linear Transformation method)という.**図 3.13**は筆者の研究グループで行っているフライス加工作業中の3次元動作解析の現場である.

なお,動作解析事例については,次節で詳しく解説する.

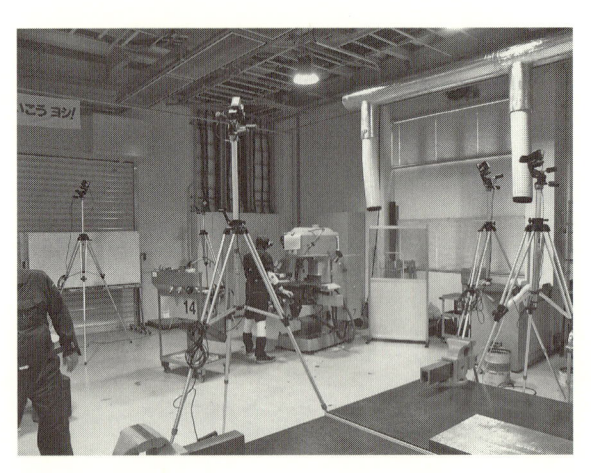

注）　フライス加工作業中の被験者をカメラ5台で取り囲む Mac3D System（ナックイメージテクノロジー）の様子.

図 3.13　3 次元動作解析装置（例）

3.3　画像処理技術による動作解析事例

（1）　スポーツバイオメカニクス

　暗黙知を含んだ技を定量的に見える化する方法として代表的なものは，画像処理技術を用いて人の動作を分析し，各種センサーによって力加減，動きの速さを測定することである．

　この画像処理技術を用いた動作解析は，さまざまな分野で用いられている．古くから技能の見える化に画像処理技術を活用している分野は，スポーツバイオメカニクスとして体系的に研究がなされているスポーツ分野である．この分野では，画像処理技術による動作解析で技能の見える化を行うとともに，フォースプレートなどのセンサを併用して，技の高度化，効果的なトレーニング方法の開発などに活用している．

　日本スポーツ振興センターが運営している国立スポーツ科学センターでは，医学，生理学，バイオメカニクス，心理学，栄養学などの研究成果に基づいた支援を競技者に提供している．国立スポーツ科学センターの年報[24]によると，ビデオカメラやモーションキャプチャーを用いて動作解析を行った競技種目は，

水泳，テニス，卓球など18種類にも上っている．

　この動作解析による支援は，国レベルの施設だけの特別なサポートではなく，図 **3.14** に示すように新潟県スポーツ協会新潟県健康づくり・スポーツ医科学センター[25] などの地方自治体でも行われている．このように，スポーツ分野において技能の向上のために動作解析を利用することは，既に一般化している．

出典）　新潟県健康づくり・スポーツ医科学センター「動作分析」(https://www.ken-supo.jp/support/analysis.php)

図 3.14　スポーツ分野における動作解析例（ピッチング動作）

(2)　リハビリテーション・介護分野への適用

　スポーツバイオメカニクスは，リハビリテーションに代表される理学療法の分野への応用が試みられている．リハビリテーションは，高齢，障害，けがなどによって運動機能が低下した人に対する運動機能の維持・回復・改善を目的としているため，今後深刻化する少子高齢化社会においてスポーツバイオメカニクスの果たす役割が期待されている．

　堀川[27] は人工関節全置施術患者に対する術前術後の歩行変化を動作解析を用いて客観的に評価する取組みの報告をしており，「動作解析による見える化はリハビリテーションの動機づけを高めることができる」とも指摘している．

　介護現場では，入浴やベッドから車椅子の移乗，おむつ交換に伴う身体の移動など介護者の肉体的な疲労・負担が大きい．感覚運動系技能が主である介護技能を向上させれば，身体的な筋疲労や怪我が未然に防ぐことができる．

松本ら[28]は，介護技能を見える化した成果を介護福祉士の養成に活用した．このとき，立っている状態から椅子に着座させる介護動作の演習を例に挙げて，熟練介護福祉士の動作を分析した結果と学生の介護動作を比較・検討し，介護技能の向上を図った．

松本らの演習では，動作解析前に「自分がどのように動いているかわからない」と回答した学生のほとんどが，動作解析後には「自らの動きがわかるようになり，介護動作の改善点がわかった」という回答を寄せている．

このように自らの動きが客観視できる技能の見える化は，「観察」「気づき」「考察」を支援できるので，新たな福祉機器を開発するためにも有用である．

図3.15に示すように，北海道大学発のベンチャー企業である株式会社スマートサポートでは[29]，介護労働や農作業の疲労を軽減する軽労化を図るアシストスーツを動作解析やロボット工学などを援用して開発し，実用化している．

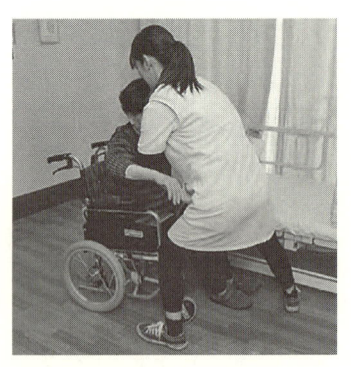

出典）　スマートサポート「農作業や介護労働の疲労を軽減するスマートスーツを開発」
（https://smartsuit.org/wp/wp-content/uploads/2016/08/jitsuyoukadoc2016.pdf）

図 3.15　動作解析を用いた機器の開発

3.4　建築大工技能の見える化と高度化

前節までさまざまな分野における技能の見える化の取組みについて解説してきた．

本節では，人材不足が著しく，若年入職者が減少傾向にある建築業界におい

て，筆者らが建築大工技能の見える化を行った実際の事例[8]の一部を紹介する.

この事例では，「建築大工技能の基本技能である鋸挽き作業，カンナ掛け作業，刃研ぎ作業」の動作解析をして技能の見える化を行った．筆者らはこの成果を活用することで，職人として一人前となる最低限必要な技能レベルに達する期間の短縮が図れるような指導方法を提案した．より具体的には，技能グランプリ[9]の入賞者などを被験者とする熟練者(複数人)の動作と未熟練者の動作を見える化したうえでそれぞれを比較し，作業のカン・コツ，つまり(感覚運動系技能のうち，加減型暗黙知を主な対象とした)暗黙知を把握する．次に，こうして把握した作業のカン・コツをもとにして未熟練者の作業評価をして技能指導を行う．また，「未熟練者の動作が改善しているか否か」を確認するために，再度，未熟練者の動作を測定して確認を行う．このようにして技能の向上を図るのである.

いくつかある実験結果のうち，熟練者と未熟練者の刃研ぎ作業の比較・検討結果について述べる．**図 3.16** 左は，熟練者による刃研ぎ作業(幅 24mm のノミ研ぎ作業)における動作解析実験の様子を示したものであり，**図 3.16** 右は簡易的に動作解析ができる装置(Microsoft 社製の Kinect)によって被験者の関節を推定した結果である.

図 3.16 に示した実験から得られた刃研ぎ作業時の熟練者と未熟練者の砥石を上から見た場合の頭，腰，左肩の座標をそれぞれ**図 3.17** に示す．**図 3.17** から，熟練者は砥石に覆いかぶさるような立ち位置で作業をしているのに対して，未熟練者は砥石からやや離れた位置に立って作業をしていることがわかる．また，頭の頂点の位置から推測すると，熟練者の目線は砥石と刃を真上から見ているのに対して，未熟練者は斜め後方から砥石と刃を見て作業をしている.

さらに，熟練者と未熟練者の頭，腰，左肩の座標の関係を見ると，砥石に対

8) 本節で紹介した大工作業の見える化は，科研費 26350221，15H02920 の助成を受けて実施したものである．ここに記して深謝する.

9) 中央職業能力開発協会の Web ページ(https://www.javada.or.jp/jigyou/gino/ginogpx/index.html)によれば，「技能グランプリは，熟練技能者が技能の日本一を競い合う大会で，出場する選手は，当該職種について，特級，1 級及び単一等級の技能検定に合格した技能士で」「年齢に関係なく，熟練技能を競う文字通り全国規模の技能競技大会であり，…(中略)…大会の優勝者には，内閣総理大臣賞，厚生労働大臣賞などが贈られます」とある.

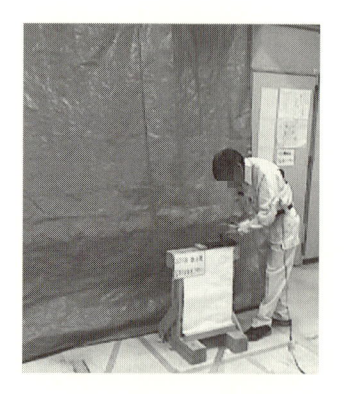

図 3.16　熟練者による刃研ぎ作業の動作解析

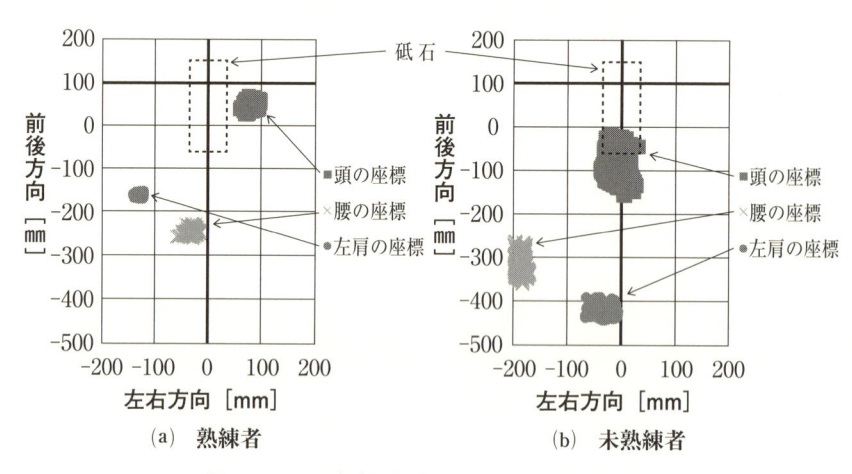

(a)　熟練者　　　　　　　　　(b)　未熟練者

図 3.17　刃研ぎ作業時の頭，腰，左肩の座標

して半身となる姿勢で作業をしていることは共通しているものの，熟練者と比べて未熟練者の頭と腰の座標が互いに離れていることがわかる．両者とも身長は 165cm 前後と同等であるため，身長による影響は考えられず，未熟練者が腰の引けた姿勢で研いでいることがわかる．

　ここで，刃研ぎ作業の目的は「刃物(ここではノミ)の刃先角度を一定に研ぐこと」である．この刃先の角度を一定に研ぐためには，刃研ぎ作業時における手首角度の固定度が肝要である．

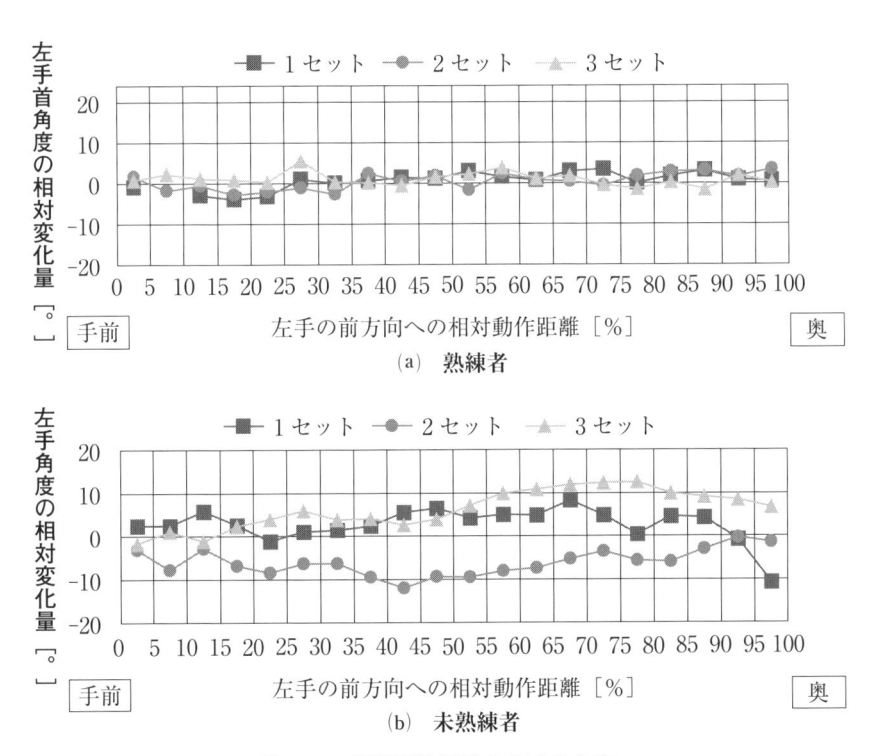

(a) 熟練者

(b) 未熟練者

図 3.18 刃研ぎ作業時の左手の角度

　刃を研ぐために刃を砥石上で前後させる作業を行うが，この刃研ぎ作業時における手首の角度を見える化すると**図 3.18** のようになる．

　図 3.18 には，熟練者と未熟者のそれぞれが刃研ぎ作業を行う際，刃を前に動かしている場合の左手の相対動作距離と左手手首の角度を示している．これは刃研ぎ作業を 3 セット行った場合がまとめて示されており，被験者は 1 セット当たり刃砥ぎを 15 往復している．このときの左手首角度は，初期角度からの相対変化量とし，相対移動距離 5 ％ごとの区間平均値で表している．したがって，相対動作距離が 0〜5 ％の間にある点は，同区間における刃研ぎ作業 15 往復分の左手手首角度の平均値である．

　図 3.18(a)の熟練者の刃研ぎ作業における左手手首角度を見ると，3 セットともにほとんど変化をしていない．さらに，刃研ぎ作業 1 セット目〜3 セット

目ともにほとんど同じ動きをしていることから，熟練者は作業の再現性が高いことがわかる．

これに対して，**図 3.18**(b)に示した未熟練の刃研ぎ作業時の左手角度は，初期角度から大きいときで10°も変化している．また，3セット間の左手手首角度の変動が異なることから，動作の再現性も低いことがわかるので，ここに熟練度が現れるものと考えられる．

筆者らは，以上のような動作解析に加えて，本書では詳細を割愛するが刃研ぎ作業時の指圧を測定し，医療機関で作成される健康診断票のような技能診断票(**図 3.19**)を作成して，形式知化した．

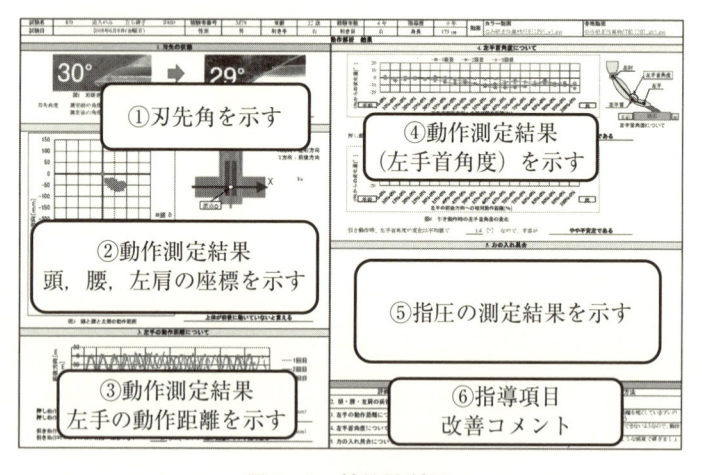

図 3.19　技能診断票

この事例以来，筆者らは**図 3.19** のような技能診断票を用いて，改善が必要な未熟練者に対し助言を行うことで，技能の向上を図っている．

動作解析の後，技能診断書を作成し，必要な助言を与え，成果を確認するまでのプロセスを**図 3.20** に示した．この一連の流れに沿った指導によって大工技能の見える化を行うことで，従来の技能習得方法と比べてより効率的に技能の習得や高度化ができると考えられる．

しかし，いくら技能を見える化して，技能習得の期間短縮に努め，技能習得

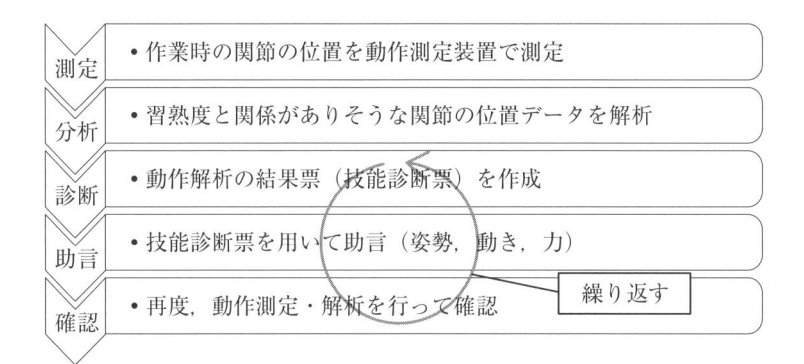

図 3.20　技能の見える化を取り入れた指導方法のプロセス

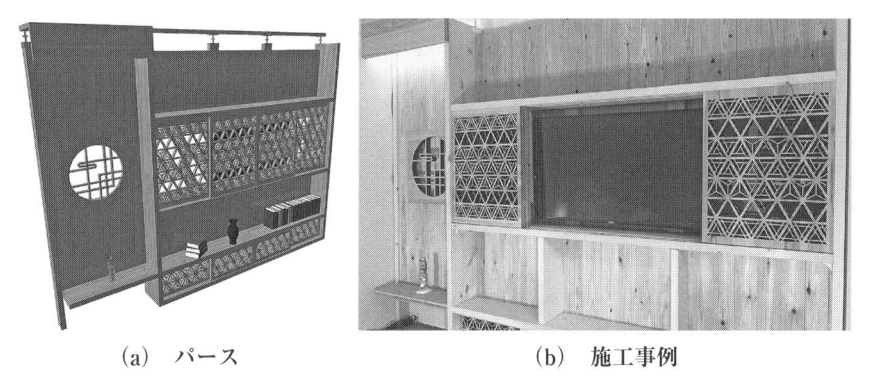

（a）　パース　　　　　　　　　　（b）　施工事例

資料提供）　林洋太氏（職業能力開発総合大学校）.

図 3.21　技能継承・国産材利用促進を目的とした内装木質化

をより容易にすることができたとしても，習得した技能を発揮する場や機会が
なければ意味がない.

　そこで筆者らは，施工する機会が少なくなっている和室造作の技能を承継で
き，かつ国産材の利用促進を図ることができる内装木質化案を**図 3.21** のよう
に提案している.

　このように，今後は技能習得の方法論はもちろん，「修得した技能が円滑に
受け継がれる場や機会をいかに提供できるか」が喫緊の課題となる.

3.5　認知行動を補う AR 技術の活用事例

(1)　認知行動を補う技術

　3.2 節(4)以降でラスムッセンの3階層モデルが技能者の認知行動を表現しており，暗黙知という技能の獲得に対する考察に用いられていることを解説した．本節では，この認知行動を外部機器で補うこと，つまり，暗黙知の一部を外部機器に代行させることで滑らかな行動パターンの生成を目指す試みを紹介する．

　ここで扱う暗黙知は「2次元の建築図面（平面図，立面図，断面図など）を見ることにより，3次元の立体形状を頭にイメージする技能」である．

　熟練者は，視覚から2次元図面が入力されると，スキル・ベース行動の「特徴形成」において3次元の立体形状イメージが形成されると考えられる．しかし，初学者は立体形状をうまくイメージすることが難しく，滑らかな作業が妨げられる要因となる．

　そこで，「特徴形成」における立体形状イメージの機能を外部機器に任せることで，初心者でも立体形状をイメージできるシステムが研究されている．具体的には「2次元図面と初心者の視覚入力との間にこの外部機器が置かれることで，外部機器の生成した立体形状イメージが初心者の視覚に入力される」といった機能を果たす．

(2)　AR 教材研究の背景

　わが国のあらゆる産業分野に共通するテーマとして，「熟練者の技能・技術を若年者に伝承する」という重要な課題がある．いわゆる団塊の世代が70歳を超える現在，これは喫緊の最重要テーマと捉える必要がある．

　熟練者が第一線を退きつつあるため，若年者に対する OJT がこれまでどおりに実施できない状況が生じている．したがって，Off-JT としての教育・訓練を通じて「熟練者の技能・技術を若年者に伝承する」方法が必要である．熟練者が長年の経験を経て身につけた高度な技能・技術を若年者にしっかりと伝承しなければ，熟練者の引退とともに消滅してしまう恐れさえあるためである．

(3) AR 教材研究の目的

若年者に対する技能・技術の教育訓練では, 教室で学ぶ座学に加えて, 実物大の実習授業が効果的である.

著者らは長年, 若年者に対する建築の施工実習授業などを担当してきた. その際, 実習用教材は主に 2 次元の図面(施工図・加工図など)であった(**図 3.22**). 若年者は, 2 次元図面(平面図・立面図・断面図など)を見ても, 構造物が完成した状態の立体形状(**図 3.23**)を頭の中にイメージすることが難しい. これが若年者の技能・技術の習得を妨げる要因の一つになっていた.

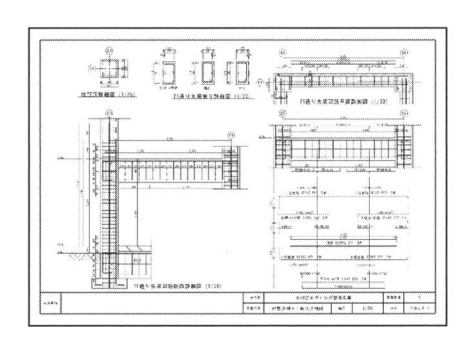

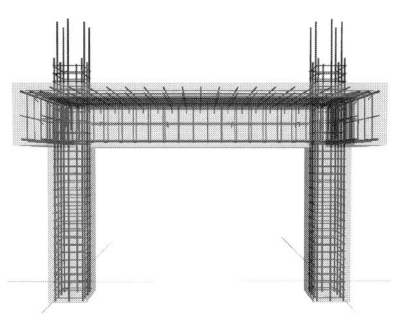

図 3.22　教材用 2 次元図面　　　　図 3.23　図 3.22 の 3 次元完成モデル

熟練者は 2 次元図面を見ると, 3 次元の立体形状を頭の中にイメージできるうえに, 2 次元図面には表示されていない部分までも読取ることができる. さらに, 効率的な加工・組立手順を予測することもできる. これが「熟練者の目」なのであり, 長年の経験などによって習得した技能・技術の成果といえる.

そのため, AR 教材研究の目的は「このような"熟練者"には見える世界(頭の中に描くイメージ)を若年者も体験できるような施工実習用の教材を開発すること」であり, AR 教材研究の意義は「"熟練者の目に匹敵するツール"を開発し, 技能伝承に役立てること」となる.

(4) AR 教材研究の方法

「熟練者の目に匹敵する施工実習用教材の開発・制作」は, 近年において発

展が著しいICTの活用によって可能になった.

　例えば，AR(Augmented Realty：拡張現実)は，「現実の背景の上にコンピューターで制作した各種のコンテンツを重ね合わせて表示する技術のこと」で，携帯端末の内蔵カメラが映し出す現実世界を背景に肉眼では見えないデジタル・コンテンツなどを重ね合わせて表示するので，「重畳表示」ともよばれる．この代表的な例としては，2016年以降全世界で大流行したゲームアプリの「ポケモンGO」が挙げられる.

　また，VR(Virtual Reality：仮想現実)は，「コンピューターでつくられた人工的な現実世界」という意味で，HMD(Head Mount Display)とよばれるゴーグル型のディスプレーを装着することで視界に現れる360°の映像空間のなかに入り込んだように感じる技術のことを指す.

　近年の携帯端末機器(スマートフォンやタブレット)の大幅な進歩によって，AR技術やVR技術を容易に活用できる環境が整った．かつては大型コンピューターを必要としたが，現在ではスマートフォンやタブレット端末で十分に利用可能である．したがって，AR・VRなどに関するソフトウェアと，スマートフォンやタブレット端末などのハードウェアを組み合わせて，これまでにはない「熟練者の目に匹敵する施工実習用教材の開発・制作」を進めた.

(5)　3次元完成モデルの重畳表示ツール(AR)

　筆者は，個々の2次元図面を見ても，その立体形状を頭の中にイメージすることが難しい初学者のために，3次元完成モデルのイメージづくりをサポートする「AR重畳表示教材」を開発した.

　図3.24のように，2次元図面の上にスマートフォンやタブレットなどをかざすと，携帯端末の画面に3次元の完成モデルを重畳表示することができる．これには，画像マーカー型AR方式を活用しており，例えば図3.24中の太枠線内が画像マーカーである.

　上記の機能を果たすためには，始めに2次元図面の一部を画像マーカー(目印画像)に設定し，また重畳表示するためのコンテンツ(3次元モデル，動画，写真，音声など)をあらかじめ制作しておく必要がある．次に，これらを一対にしてARクラウド・サーバーに登録[29]すれば，専用アプリを起動した携帯

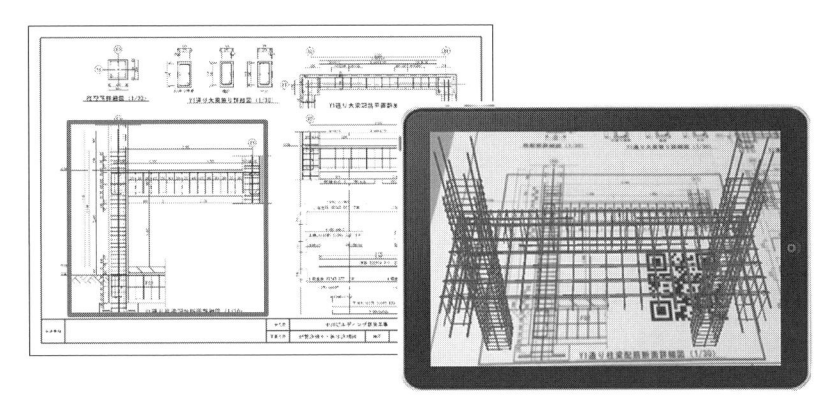

図 3.24　2 次元図面にかざした携帯端末に 3 次元完成モデルを重畳表示

端末のカメラが登録済の画像マーカーを捉えることで，これに対応するコンテンツをクラウド・サーバーから読み出し，画面に重畳表示できるのである.

　画像マーカー型 AR 方式では，携帯端末が画像マーカーとの間の距離や角度を感知して自動的に表示が調整される．したがって，携帯端末を画像マーカーに近づければ 3 次元完成モデルは拡大するし，携帯端末を図面にかざす角度を変えれば重畳表示される 3 次元完成モデルのアングルが変わる．これに加えて，携帯端末の画面上を指でタップすることで拡大・縮小・回転などの操作もできるため，利用者は自分が見たい部分をいつでも自在に確認できる．例えば，構造物を裏側から見たり，構造物の中に入り込むこともできるため，2 次元図面には表示されていない詳細まで確認でき，「熟練者の目」をもったときと同様の体験ができる.

　画像マーカー型 AR 方式を活用することで，実物大の施工実習を始める前に受講者自身が 2 次元図面からより多くの情報を読み取ることを促進でき，また，指導者の説明する組立施工に関する注意事項などへの理解度も向上する.

　なお，3 次元完成モデルは，3D モデリング・ソフト[30]や，BIM（Building Information Modeling）ソフト[31]を活用して制作している．この際，建築工事標準仕様書[32][33]や鉄筋コンクリート造配筋指針[34]など，多くの規準類を正しく反映する必要がある．なかには数年ごとに改定される規準等もあり，3 次元完成モデルを制作する際には最新版を参照する必要がある.

(6)　3次元施工手順図(VR)

　3次元完成モデルは，実物大の施工実習の対象とする構造物の全部材を入力して制作する．こうして入力した各部材を，施工手順の数だけレイヤー(透明の図面用紙)を用意して，それに割り付ける操作を行えば，**図3.25**のように3次元の施工手順図が制作できる．このとき，各レイヤーへの割付けに当たっては，後工程で手戻り(施工ミスの修正)が発生しないように，部材の組立順序に十分配慮している．

　こうして制作した施工手順図を，スマートフォンやタブレットに表示するために，BIMソフトのメーカーが無償で提供するビュワー(表示専用)ソフト[35]を利用した．BIMソフトで制作した3次元完成モデルのデータは大きなファイルサイズになるが，ビュワー用に変換すると携帯端末でも扱えるファイルサイズに圧縮できる．

　完成した施工手順図については，画像マーカー型AR方式と同様に表示された画面の拡大・縮小・回転などが自在にできる一方で，図面との距離や角度による画面表示の自動調整機能はないため，画面表示が非常に安定しており，鉄筋相互の複雑な収まりを確認する場面などでは便利なツールといえる．

　しかし，これは現実の背景が映らないからARではなく，コンピューターが作り出した映像空間といえるため，広義のVRと考えられる．また，画像マーカー型AR方式のように，3次元の各モデルのデータをクラウド・サーバーからその都度読み出すことができないため，あらかじめ施工手順図の各モデルの

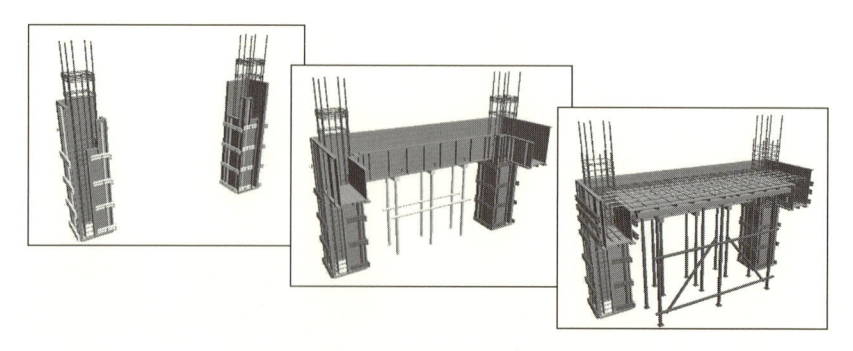

図3.25　3次元の施工手順図

データを，受講者の携帯端末に転送・保存しておく手間が必要である．

(7) 施工手順動画(VR)

施工手順動画(VR)は，前節で制作した施工手順図を，一定時間間隔(数秒程度)で切り替えて連続的に表示したものであり，いわゆるスライドショーの状態である(図 3.26 右)．

この動画はスマートフォンやタブレットの標準的な動画アプリで再生できるし，途中で停止することもできるが，画像の拡大・縮小・回転などの操作はできない．また，動画とはいえ全体が短時間(1〜2 分程度)であるため，携帯端末で十分に扱えるファイルサイズに収まっている．

施工手順動画は，実物大の施工実習で組立施工に着手する前に，施工手順の全体像を短時間で確認するのに最も適した教材といえる．

現実の背景の上に施工手順動画を重畳表示することもできるが，図 3.26 のように再生動画の見やすさを優先して背景が映らない設定にしているため，AR 重畳表示とは異なり，広義の VR と考えられる．

ただし，AR クラウド・サーバーに動画データを登録して 2 次元図面上の画像マーカーに紐づけておくと，動画データをクラウド・サーバーから読み出しながら再生(ストリーミング)できる．この方法は，動画データをあらかじめ受

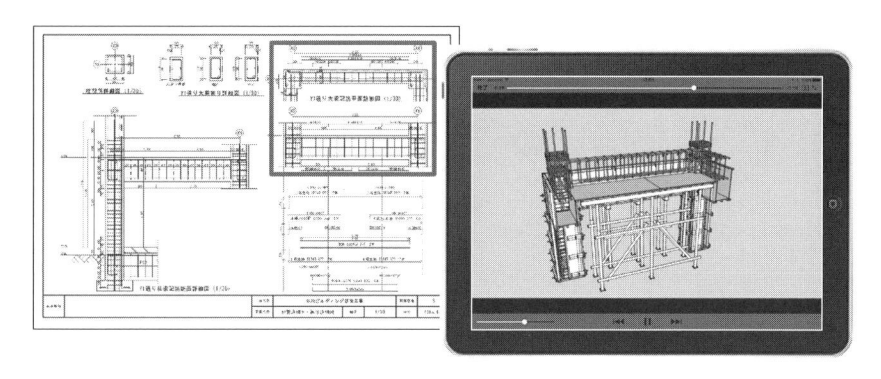

注) 太枠線内の画像マーカーに紐づけている．

図 3.26　3 次元の施工手順動画

講者の携帯端末に転送・保存する手間がかからず，また，受講者の携帯端末の
メモリ容量も考慮する必要がなく，より簡単に利用できる(**図 3.26**).

(8)　開発・制作した「拡張 3D 教材群」の構成

　筆者らは，初学者(大学生や職業訓練の受講者等)にもわかりやすい施工実習
用の教材開発をテーマに研究を進めて，5 種類の教材を 1 組として制作する方
法と手順を考案した.

　その構成は，「①鉄筋配筋図や配筋詳細図などの 2 次元図面」「②全部材を入
力した 3 次元完成モデル」「③ AR 重畳表示コンテンツ」「④施工手順図」「⑤
施工手順動画」(**図 3.27**)の 5 種類であり，これらを「拡張 3D 教材群」と称す
ることとした.

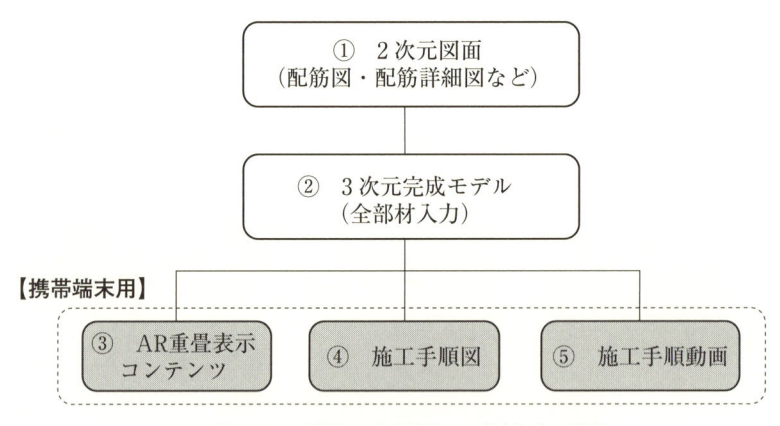

図 3.27　制作した拡張 3D 教材群の構成

　制作手順の概要は，はじめに施工実習の対象とする構造物の設計図(意匠図・
構造図など)から，2 次元の施工図を制作する. これが**図 3.27** における「① 2
次元図面(配筋図・配筋詳細図など)」で，これには JW-CAD を使用した.

　また，**図 3.27** における「② 3 次元完成モデル(全部材入力)」は，前述の「①
2 次元図面」に記入した全部材を入力して制作し，さらに「③ AR 重畳表示コ
ンテンツ」「④施工手順図」「⑤施工手順動画」を制作した.

これらの 5 種類の教材を一組とするのが「拡張 3D 教材群」であるが，受講者自身のスマートフォンやタブレット端末などで利用するのは図 **3.27** における③④⑤の教材である．

(9) AR 施工手順図（AR）

画像マーカー型 AR 方式は，基本的には一つの画像マーカーに対して一つのコンテンツ（3 次元モデルや動画など）を紐づける仕組みなので，1 モデルのみの重畳表示が基本である．

しかし，「2 次元図面の上にかざした携帯端末の画面上で施工手順図が見られれば便利である」と考えた筆者らは，一つの画像マーカーに対して複数のコンテンツが紐づけられるように AR アプリの改良を行った．

その結果，図 **3.28** 左のように AR 重畳表示の画面上において，左右のボタン（◀ ▶）によって表示する 3 次元モデルを前後に切替えできるようになった．図 **3.28** 右のように，施工手順を進める方向にも戻る方向にも，3 次元モデルを 1 段階ずつ移動できる．これで AR の施工手順図が完成した．

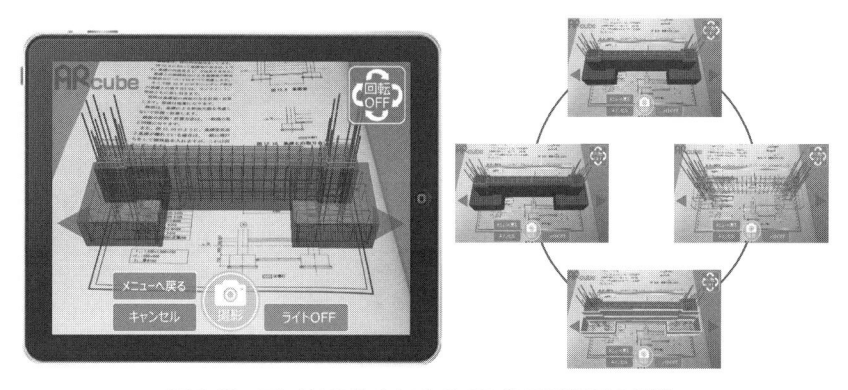

図 3.28 アプリの改良による AR 施工手順図の制作

(10) マーカーレスによる 3 次元完成モデルの重畳表示アプリ（AR）

開発・制作した教材を実物大の施工実習で使用し始めた筆者らは，画像マーカー型 AR 方式の利用が難しくなることに気づいた．つまり，実物大の施工実

習課題モデルは幅が 3m〜4m 程度あるため，全体を携帯端末のカメラに納めるためにはかなり後退する必要がある．その結果，A3 版程度のサイズの画像マーカーでは携帯端末側が認識できず，この改善策としてロケーションベース型 AR 方式を用いることとした．これは GPS（全地球測位システム）の位置情報を取得して，これに関連づけたコンテンツを携帯端末に重畳表示する仕組みであり，画像マーカーは必要ない．

　図 3.29 は，施工実習中の基礎構造物の上に，鉄筋の 3 次元完成モデルを重畳表示した例である．基礎に重なる部分は既にコンクリートに打ち込んだ配筋で，これから施工する柱・梁の配筋が確認できる．これは専用アプリとして開発したもので，「職業大 AR 配筋図アプリ」および「職業大 AR 鉄骨図アプリ」としてアプリ登録サイトの App Store に公開している（図 3.30）．なお，Android OS 用には「職業大 AR 配筋図＆鉄骨図アプリ」として，Google Play ストアに公開している．

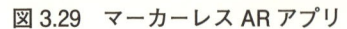

図 3.29　マーカーレス AR アプリ

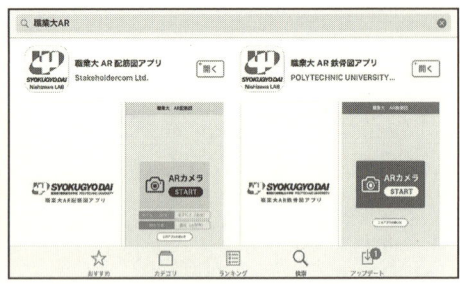

図 3.30　アプリ登録（App Store）[36] [37]

（11）　ウェアラブル端末による重畳表示ツール（AR）

　上記(9)の「画像マーカー型 AR 方式の改良」によって，一つの画像マーカーに一連の 3 次元施工手順図を重畳表示すること（図 3.28）が可能になった結果，いわゆる「作業指示書」として利用できる可能性が生まれた．

　従来の「作業指示書」は，2 次元図面や文字で書かれた書類から構成されていたが，これらは経験の浅い技能工にとって難解である．AR を利用した改良

型の3次元施工手順図は，現場で実施するべき内容を作業段階ごとに3次元モデルで示すことができるため，経験の浅い技能工に対して合理的な作業手順を示すことができ，熟練工と同様の手順で現場の施工作業を進めることが可能になる．

このように，AR を利用した3次元施工手順図を「作業指示書」として利用する場合には，**図 3.31** のようなウェアラブル端末での活用が理想的である．ウェアラブル端末は通常の携帯端末のように手で保持する必要がないので，装着しても両手がフリーになる．その結果，ウェアラブル端末の視界に映る「3次元作業指示書」で施工内容を確認しながら，見えたとおりに両手で加工・組立作業が実施できる（**図 3.32**）．

このような利点から，この「3次元作業指示書」は，海外における教育訓練や，施工現場での工事管理にも適用できるものと考えられている．

図 3.31　ウェアラブル端末

図 3.32　ウェアラブル端末の視界

(12)　開発した AR・VR 教材の効果検証

筆者らは開発・制作した「拡張 3D 教材群」の効果を検証するため，実物大の鉄筋モデル（建物の基礎配筋の一部分）を組立施工する実験を行った．

初学者の男子大学生を2人1組として4チームをつくり，2チームは「2次元図面のみ」の教材で，他の2チームには2次元図面に加えてタブレットで操作する「拡張 3D 教材群」を提供した．4チームの施工実験はすべて別日程で

実施した．その理由は，重複して行うと隣のチームの組立状況が観察できるので，そこから学習することを防ぐためである（図 3.33）．

施工実験では，作業全体をビデオカメラで記録したうえで，映像の分析を行った．まず，動画を作業内容ごとに分解したうえで，4 種類の作業項目（通常作業・手戻り・手直し・打合せ）に分析仕訳を行った．

鉄筋モデルの組立に要した合計所要時間は，「拡張 3D 教材群」を使用した 2チームの平均が 149 分，2 次元図面のみで行った 2 チームの平均が 230 分となった（表 3.2）．この結果から，「拡張 3D 教材群」を使用すれば，鉄筋モデルの組立所要時間が 35％短縮できたことになる．

「通常作業」（正味の鉄筋組立作業）においては，使用と未使用の差は平均で10 分（123 分 /133 分）しかなかった（表 3.2）．

「手戻り」（前工程で組立が完了した部分に遡っての修正）は，使用した 2 チー

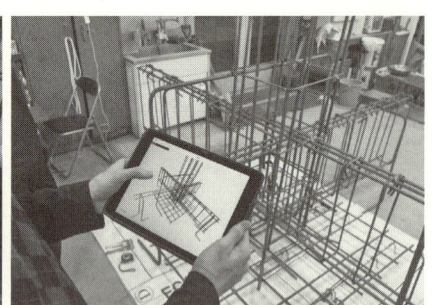

図 3.33　鉄筋組立施工実験の様子（2 次元図面のみ／タブレット使用）

表 3.2　施工実験の作業項目別所要時間（単位：分）

ケース 作業項目	拡張 3D 教材群　使用			拡張 3D 教材群　未使用		
	A チーム	B チーム	平均	C チーム	D チーム	平均
通常作業	117.4	128.2	123	144.4	122.4	133
手戻り	0.0	0.0	0	20.4	39.2	30
手直し	7.7	6.3	7	21.4	33.1	27
打合せ	20.2	17.8	19	28.3	50.3	39
合計	145	152	149	214	245	230

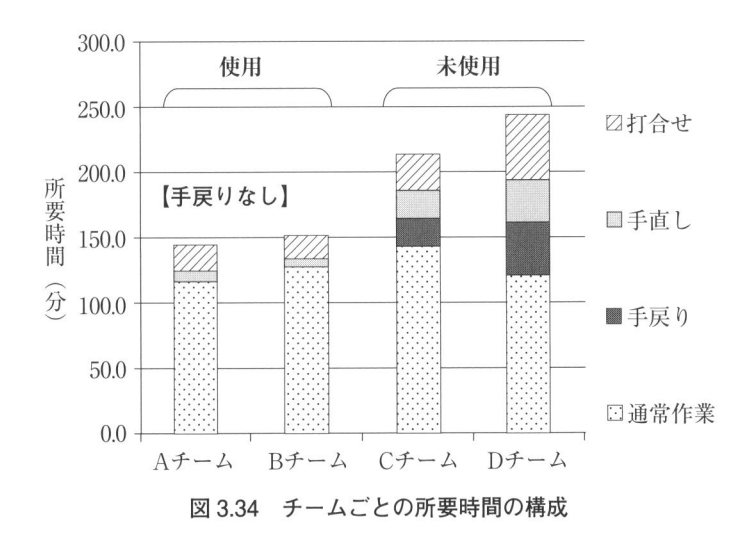

図 3.34　チームごとの所要時間の構成

ムには全く発生しなかった(**図 3.34**).

「手直し」(現在の作業工程内での修正)は，使用した 2 チームの平均は未使用の 2 チームの平均の約 1/4(7 分 /27 分)で，「打合せ」(教材の参照を含めた 2 人の被験者間の相談)も，使用した 2 チームの平均は未使用の 2 チームの平均の約 1/2(19 分 /39 分)であった(**表 3.2**).

このように，正味の鉄筋組立作業に要する時間(通常作業)について「拡張3D 教材群」の使用・未使用の違いがほとんど見られなかった．しかし，**図3.34** から明らかなように，手戻り・手直し・打合せについてはいずれも未使用のチームが多くの時間を要した．これは，2 次元図面からでは組立手順が読み取れず，試行錯誤を要する組立作業になった結果である．

以上の結果から，「「拡張 3D 教材群」を使用すれば，初学者でも「短時間にミスなく正確に」鉄筋の組立作業が完了できる」と結論づけられたため，筆者らが開発・制作した「拡張 3D 教材群」の有効性が確認できた．

(13)　まとめ

筆者らが「熟練者の目に匹敵する施工実習用教材の開発・制作」に取り組んだ結果，AR 技術・VR 技術を応用した複数の教材が完成した．

　具体的には、「①3次元完成モデルの重畳表示ツール(AR)」「②3次元施工手順図(VR)」「③施工手順動画(VR)」「④ AR 施工手順図(AR)」「⑤マーカーレスによる3次元完成モデルの重畳表示アプリ(AR)」「⑥ウェアラブル端末による重畳表示ツール(AR)」などである.

　これらの教材は、単体ではなく複数を組み合わせて活用することができる. 初学者がスマートフォンやタブレットを使って複数の教材を切り替えて利用することで、熟練者には見える世界を自ら体験でき、技能・技術の習得が促進できる.

　また、当初は AR・VR 教材のサポートを必要とした初学者も、2次元図面と実物の関係が理解できればサポートは不要になる. その結果、建築技術者・技能者にとっては重要な「図面を読取る」というスキルが習得できる. AR・VR 教材の効果は、このようなスキルの習得が短期間に効率的に可能になる点にある [10].

第3章の参考文献

[1]　吉川榮和編著、仲谷善雄、下田宏、丹羽雄二著(2006)：『ヒューマンインタフェースの心理と生理』、コロナ社.

[2]　Card, S.K., Moran, T.P., Newell, A. (1983)："*The psychology of human-computer interaction*", Erlbaum Associate.

[3]　PTU 技能科学研究会編(2018)：『技能科学入門』、日科技連出版社.

[4]　日本経営工学会「専門分野キーワード」(http://www.jimanet.jp/information/field-keyword)

[5]　小松原明哲、辛島光彦(2008)：『マネジメント人間工学』、朝倉書店.

[6]　横溝克己、小松原明哲(2013)：『エンジニアのための人間工学(改訂第5版)』、日本出版サービス.

[7]　日本認知科学会「日本認知科学会について」「認知科学とは—中島秀之—」(https://www.jcss.gr.jp/about/)

[8]　鈴木宏昭(2016)：『教養としての認知科学』、東京大学出版会.

[9]　羽田野健、菊池拓男(2016)：「技能習得における認知負荷の知識化と対処方略に関する事例研究—若年技能者の技能習得過程に焦点をあてた質的分析—」、『職

10)　本章で記述した AR・VR 教材の研究開発は、科研費 15K01009 の助成を受けて実施したものである. ここに記して深謝する.

業能力開発研究誌』, 32 巻 1 号, pp.35-44.

[10] 森和夫, 森雅夫(2007):『3 時間でつくる技能伝承マニュアル』, JIPM ソリューション.

[11] 森和夫(2013):「暗黙知の継承をどう進めるか」, 『特技懇』, No.268, pp.43-49.

[12] Rasmussen, J. (2013):"*Skills, rules, and knowledge; signals, signes, and symbols, and other distinctions in human performance models*", IEEE Transaction on Systems, Man, and Cybernetics, Vol.SMC-13, No.3, pp.257-266.

[13] J. ラスムッセン(1990):『インタフェースの認知工学』(海保博之, 加藤隆, 赤井真喜, 田辺文也訳), 啓学出版.

[14] 田中兼一(2008):「自動車と認知的特性」, 『自動車の人間工学技術(普及版)』(柳瀬徹夫編), 1.4 節, pp.17-27, 朝倉書店.

[15] 不破輝彦, 菅野恒雄, 和田正毅, 岡部眞幸, 池田知純, 二宮敬一, 寺内美奈, 竹下浩, 新目真紀, 小山田孝輔, 小林優介, 西ノ園太一, 山田駿太, 山本尚明, 古川勇二(2005):「身体性認知科学に基づくフライス加工技能のユーザモデルと生体計測との関係」, 『ヒューマンインタフェースシンポジウム 2015 DVD-ROM 論文集』, pp.821-824.

[16] R. Pfeifer, Scheier, C. (2001):『知の創成』(石黒章夫, 小林宏, 細田耕監訳), 共立出版.

[17] 古川勇二, 池田知純, 岡部眞幸, 菅野恒雄, 寺内美奈, 二宮敬一, 繁昌孝二, 不破輝彦, 和田正毅(2014):「身体性認知科学に基づくフライス加工技能の修得・伝承モデルの構築～第 1 報 全体構想と予想される効果」, 『2014 年度精密工学会春季大会学術講演会講演論文集(CD-ROM)』, pp.1041-1042.

[18] 不破輝彦, 池田知純, 岡部眞幸, 菅野恒雄, 寺内美奈, 二宮敬一, 繁昌孝二, 和田正毅, 古川勇二(2016):「暗黙知を人間科学の力で"見える化"する―フライス加工技能に対する試み―」, 『技能と技術』, 2016 年 4 月号, pp.3-9.

[19] 侯磊, 綿貫啓一(2013):「NIRS を用いた旋盤加工作業時における脳賦活反応計測」, 『日本機械学会論文集(C 編)』, Vol.79, No.800, pp.1124-1133.

[20] 武雄晴, 夏恒(2013):「技能伝承のためのマイクロメータによる寸法測定作業中の注視点移動に関する実験的検討」, 『日本機械学会論文集(C 編)』, Vol.79, No.799, pp.814-826.

[21] 池田知純, 二宮敬一, 岡部眞幸, 菅野恒雄, 寺内美奈, 繁昌孝二, 不破輝彦, 和田正毅, 古川勇二(2016):「身体性認知科学に基づくフライス加工技能の修得・伝承モデルの構築～第 3 報 身体動作と視線動向の計測」, 『2016 年度精密工学会春季大会学術講演会講演論文集(CD-ROM)』, pp.571-572.

[22]　青木義満，加藤邦人，橋本洋志，舟橋琢磨，藤原孝幸(2011)：「感性計測・技能計測が拓く産業の画像技術」，『映像情報メディア学会誌』，Vol.65，No.11，pp.1524-1533.

[23]　新井吾朗，白川幸太郎(2005)：「伝承のための技能明確化手続きについて～既存技能分析手法の欠落視点からの検討～」，『産業教育学研究』，Vol.35，No.2，pp.1-8.

[24]　日本スポーツ振興センター「国立スポーツ科学センター年報 2017」(https://www.jpnsport.go.jp/jiss/Portals/0/info/pdf/nenpou2018a.pdf)

[25]　新潟県健康づくり・スポーツ医科学センター「動作分析」(https://www.ken-supo.jp/support/analysis.php)

[26]　堀川悦夫(2016)：「歩行データベース　医療及び臨床検査的観点から」，『バイオメカニズム学会誌』，40 巻 3 号，pp.157-161.

[27]　松本百合美，合田衣里，棚田裕二(2018)：「動作分析アプリケーションの介護技術教育における活用と有効性―介護学生の着座介護のアプリ分析から―」，『介護福祉士』，No.23，pp.40-48.

[28]　スマートサポート「農作業や介護労働の疲労を軽減するスマートスーツを開発」(https://smartsuit.org/wp/wp-content/uploads/2016/08/jitsuyoukadoc2016.pdf)

[29]　プラージュ「ARcube」(https://www.prage.jp/arcube)

[30]　アルファコックス「SketchUp Pro」(http://www.alphacox.com)

[31]　グラフソフトジャパン「ARCHICAD」(https://www.graphisoft.co.jp/archicad/)

[32]　国土交通省大臣官房官庁営繕部監修(2016)：『公共建築工事標準仕様書(建築工事編)　平成 28 年版』，公共建築協会.

[33]　日本建築学会(2018)：『建築工事標準仕様書・同解説　JASS5 鉄筋コンクリート工事 2018』，日本建築学会.

[34]　日本建築学会(2018)：『鉄筋コンクリート造配筋指針・同解説』，日本建築学会.

[35]　グラフソフトジャパン「BIMx デスクトップビュワー」(https://www.graphisoft.co.jp/download/bimx/)

[36]　App Store「職業大 AR 配筋図アプリ」(https://itunes.apple.com/jp/app/ 職業大 -ar- 配筋図アプリ /id1212710442?mt=8)

[37]　App Store「職業大 AR 鉄骨図アプリ」(https://itunes.apple.com/jp/app/ 職業大 -ar- 鉄骨図アプリ /id1320703046?mt=8)

第 **4** 章
ものづくり企業での技能・技術伝承の方法

　本章では，ものづくり企業が自社の実態に合わせて技能・技術伝承をする方法，つまり，ものづくりの環境変化を想定し，自社の企業目標とすり合わせをして技能・技術を伝承するときの実践的な方法について，具体的な事例を紹介しながら解説していく.

4.1　伝承する技能・技術の見極め

(1)　企業目標の設定

　これから自社で伝承していく技能・技術を絞り込むためには，10 年先までを見据えて「ものづくりの環境がどのように変化するか」を想定する必要がある. 例えば，「自社で取り扱う製品品目の内容がどのように変化するか」「自社生産と外注生産との構成がどう変化するか」を具体的に想定する. そのうえで,技能・技術で差別化して強みを活かせる方法を考えていく. 例えば，「短納期生産や不良率ゼロの生産などがセールスポイントになるように，自社のものづくりの強みを棚卸しする」といったことである.

　「今後，自社のものづくりプロセスで要となる技能・技術は何か」を見極めてから伝承について考える必要がある. このとき検討する内容は，中期経営計画と連動させて，企業目標とベクトルを合わせるとよい.

(2)　技能・技術の分類

　企業目標と技能・技術伝承との関係をより具体的にするために，「事業への影響度」と「業務の発生頻度」の 2 つの軸により伝承する技能・技術を分類する方法を図 4.1 に挙げた.

　図 4.1 のような分類によって，自社で伝承する技能・技術の優先順位が明確

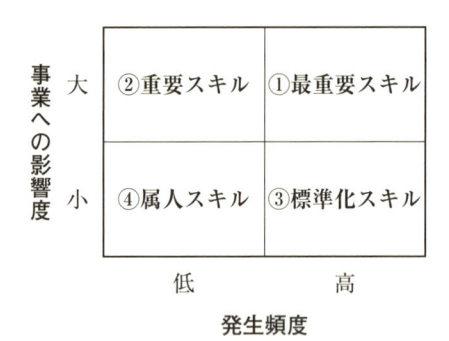

図 4.1　技能・技術の分類

になる．例えば，発生頻度が低い技能・技術でも，それが喪失すると事業継続
が難しくなる場合は，重要なスキルに分類する．事業の影響度は，「他の生産
手段があるか」，「品質や作業負荷への影響が大きいか」などを考慮して決める．

　図 4.1 の各スキルの特徴については，それぞれ以下のとおりである．

① 　最重要スキル：事業への影響が大きく発生頻度も高い．優先的に自社
　　内で訓練することで自社の特徴にまで高め，差別化できるスキルにする
　　ことを目指すとよい．

② 　重要スキル：事業への影響が大きく発生頻度が低い．自社内で伝承す
　　るか，支援システムを活用して独自に伝承する．

③ 　標準スキル：発生頻度は高いが事業への影響度が小さい．労働不足対
　　策や海外展開のために伝承できるように標準化を推進するか，自社内に
　　伝承者がいない場合は外部での訓練も検討する．都道府県にある職業能
　　力開発促進センター（ポリテクセンター）などを有効活用して技能・技術
　　伝承のための訓練をする．

④ 　属人スキル：事業への影響が小さく発生頻度も低い．自社内での技能
　　伝承にこだわらないほうがよい．「技能・技術を標準化して社内で伝承
　　するか，外部生産に移管するか」は検討すべきである．

(3)　技能・技術伝承の対象（製造技術と生産技術）

　ものづくり企業の製造現場では「製造技術」と「生産技術」が技能・技術伝

承の対象となる．「製造技術」と「生産技術」のポイントはそれぞれ以下のとおりで，どちらの観点もものづくり企業の製造現場には欠かせない．

① 製造技術：「実際のつくり方や，その技術内容」

「原材料や製造方法を検討し，効率的な生産を行うための技術を向上させる方法を研究していくこと」が主な役割であり，ある時点の製造現場で現有する作業者・管理者・監督者，機械設備，環境などをムダなく組み合せる技術のことである．今まで培われてきた知恵を結集することで，新たな投資がなくても一定の効果が上がるようにできるが，これには計画的な技能・技術の教育や訓練が必要である．

② 生産技術：「どうやったらそれができるか」

「品質のよい製品をより効率的にできるだけ安くつくること」「生産性を上げるための仕組みを考えること」が主な役割なので，つくり方に合った機械の選定や開発，材料，製造条件の決定，よりよい使い方のための機械や治工具の改善・改良に関わる．製品または部品をつくるためのすべての加工技術が対象となる．

4.2　技能・技術伝承を支える方法

製造技術と生産技術を対象にした技能・技術伝承の実施場面では，以下，3つの方法が活用される．

① 「作業改善と連携」して一体化して行う方法
② 「支援システムを適切に活用」する方法
③ 技能・技術を社内から「外部に移管」してしまう方法

以上，①〜③について，それぞれ解説する．

(1)　作業改善との連携

製造現場の生産要素には，人(Man)，機械設備(Machine)，原材料(Material)，作業方法(Method)の4要素がある．作業改善はこれら4つの生産要素すべてを対象とするが，技能・技術伝承は主に人と作業方法を対象としている．生産要素すべてを対象とする作業改善は，技能・技術伝承と同時に行うと効果的である．

　作業改善がすでに生産現場に定着している場合は，技能・技術伝承と一体化して実施するとよい．作業改善により技能伝承がより確実に推進できる．作業改善と技能・技術伝承とをバランスよく組み合わせて相互補完してステップアップするイメージを**図 4.2** に示す．作業改善の具体的な内容と方法については，**4.3** 節で取り上げる．

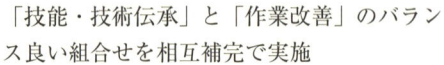

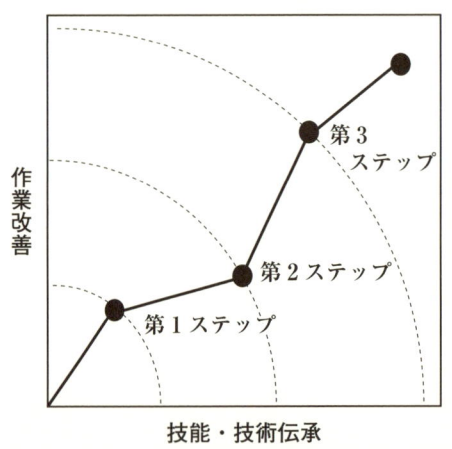

図 4.2　技能・技術伝承と作業改善との関係

(2)　支援システムの活用

　技能・技術伝承の支援システム（AI による判断および AR による知覚・感覚の支援システム）については**第 1 章**末のコラム①(p.11)や**第 3 章**で解説したが，これらは熟練者の動作および作業の動線を視覚的に表現することを通じて，技能・技術の継承者となる非熟練者に自身との差異を気づかせている．

　技能・技術伝承の支援システムは，**図 4.3** における「知識」「知覚・感覚機能」「運動機能」それぞれについての非熟練者と熟練者とのギャップを対象としており，図中の 3 つの矢印で示されている「熟練者から非熟練者への継承」を相互に連携させて進める必要がある．

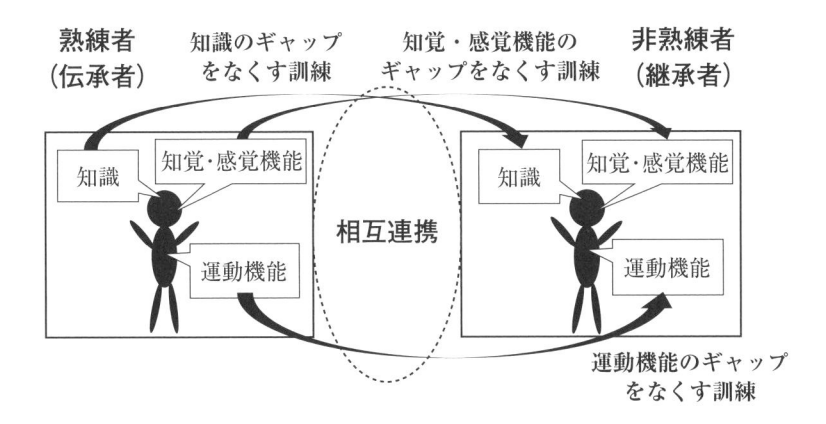

図 4.3　支援システムの対象

(3)　外部への移管

　技能・技術伝承については，個々の企業でばらばらに技能・技術を伝承することよりも，その作業を外部の組織に移管することで業界や地域単位が一体となったサービスを提供することもできる.

　例えば，高価な3次元プリンターを複数の企業で共用すれば，複雑な3次元加工が行える. コラム②(p.20)のように，住宅建築で大工が継手や仕口を加工する技能を，工場の3次元木材加工機でプレカットした事例もある.

4.3　作業改善

　技能・技術伝承を始める前に作業のムダ取りを実施すれば，生産性が向上すると同時に技能・技術伝承の対象範囲が明確になる. また，技能・技術伝承を実施するプロセスで，加工条件の改善，段取り時間の短縮，治工具の改善などの作業改善を同時に行えば，生産性の向上につながる.

　ものづくりの基盤となる作業改善のねらいは，以下のようにまとめることができる.

　　①　マンネリ化を打破することで，生産性を向上させる.

　　②　管理者と一般従業員の一体感を醸成することで，改善意欲を高める.

　　③　機械・設備と上手に付き合うことで，それらのトラブルによる損失を

防ぐ.

④　熟練技能者の経験と勘を通じて，現場の知恵と意欲を高め，作業改善の取組みを継続させる.

技能・技術伝承と同時に行うと効果的な作業改善は業種により異なるが，以下の項目に着目するとよい.

(1)　加工条件の改善

加工条件の選定そのものにも一定の技能が必要となるため，勝手な思い込みで"改善"をしないように注意する. また，過去に習得した技能について何の工夫もしなかったり，勝手な判断で加工や組立をしないようにする.

最適な加工条件を見つけるためには試行錯誤が重要である. 社内で最新情報を収集し，関係者が確認したうえで，ものづくりの現場にフィードバックされるようにする. こうして常に最適かつ最高の条件で加工されるようにして，かつ，その状態を維持できるようにする.

(2)　段取り時間の短縮

段取り替えは主に汎用機械やマザーマシンなどに発生するが，これは「A部品から B 部品に切り替える場合，刃物や治工具，測定具，チャックなどの加工条件を変える」といった付加価値の低い作業である.

そのため，この段取り時間を極小化するよう取り組むことで機械・設備の稼働率が高まり，生産性が向上する.

(3)　治工具の改善

技能者，技術者が自らの経験を活かした工夫によって治工具の設計と製作ができるように環境を整える. 例えば，現場技能者のスキルアップを図る体制をつくったり，現場からのアイデアと最新の情報や技術を統合しつつ標準化を図ったり，個人のアイデアを会社の技術として集大成・蓄積し，治工具標準マニュアルを整備するといったことである.

(4)　設備の改善

設備の改善提案およびアイデアを具現化して，現物の設備を改善する体制を整える．また，技術動向に合わせて現場の情報を素早くキャッチし改善活動が絶え間なく行われるようにする．

(5)　ムダ取り

ムダ取りは，作業改善の基盤となる活動である．「ムダとはいったい何なのか」を全従業員に理解させる．

「ムダ取り実行計画」を作成し，「ムダ掘り出し→ムダ取り→ムダ取りの定着」の順序で教育したうえで，ムダ取りの実行とその評価を繰り返しながらムダ取りのレベルを高めていく．

(6)　作業標準化

作業改善のゴールである作業標準化の目的は，以下の2つの側面から解説できる．

① 　生産の合理化：生産の合理化を図るため，勘・コツ・経験を極力排除し，形式知に着目して標準作業を確立し，ものづくり現場での判定業務の極少化を目指す．こうして誰がやっても均一なレベルの製品を生み出せる生産システムを確立する．

② 　技能・技術の普遍化と向上：まず，技能・技術が自社の財産であることを認識して，それらを蓄積・共有化して，誰でも利用できるようにする．そのためには社内規格として成文化し，それらの維持と普遍化を図る．また，技能・技術は時代の進歩に伴って常に最新の状態になるように見直し，標準も改訂する．

4.4　企業での技能・技術伝承方法の確立

技能・技術を伝承するときにはスキルレベルに応じた伝承をしなければならない．そこで，以下ではスキルレベルと伝承方法との関係について解説する．

(1)　スキルレベル

　伝承する技能・技術のスキルレベルは，関連する知識によって決まる．技能・技術には，暗黙知が含まれているといわれている．2.3節でも触れたが，暗黙知とは表現が困難な知識で，形式知の対照語として用いられている．ものづくりの現場で必要となるのは，実践的な暗黙知である．つまり，現場での判断と行動を伴う知識である．

　図4.4は，スキルレベルに関連する知識として，形式知と暗黙知との関係を氷山の一角をイメージして表したものであり，形式知の背後に見えていない暗黙知が多く存在していることが示されている．

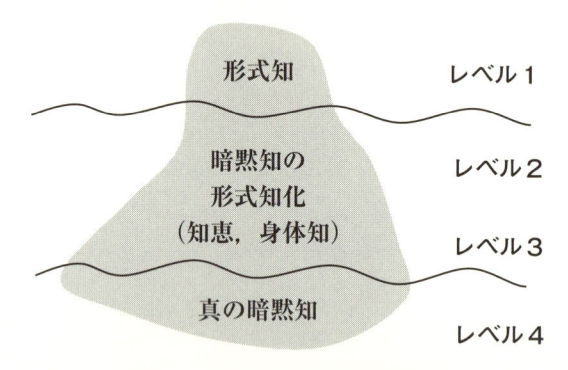

図4.4　スキルレベルと知識の関係

　無意識のうちに身についている暗黙知は，どのように工夫しても言葉や数値で表現できない，独自の知恵や身体知である．その知恵はものづくり現場での判断に活かされ，また，身体知はものづくり現場での作業や行動に活かされる．このときの身体知には「からだに根ざした知」「からだで理解する」というニュアンスが含まれている．

　形式知および暗黙知について，技能・技術伝承のレベルと関連づけて示した図4.4では4段階にレベル分けしており，それぞれの対象は以下のとおりである．

　　①　レベル1：形式知を中心としたもの
　　②　レベル2：知恵による判断能力を中心とした暗黙知

③　レベル3：主に身体知による動作・作業や行動に関連する暗黙知

④　レベル4：真の暗黙知．形式知を含まず，完全に暗黙知だけで占められる段階．どのような技能・技術にもこのレベルが含まれている．

(2)　技能・技術伝承の方法

以下では技能・技術を伝承する人を「伝承者」，伝承される人を「継承者」とする．技能・技術伝承の方法を検討する際には，自社の伝承者と継承者の年齢やスキルレベルに配慮しなければならない．

伝承する技能・技術を定めた後は，その技能・技術に関するスキルをもつ社内の伝承者から継承者への技能・技術の伝承方法を具体化する．伝承者が社内にいなければ，外部組織の支援による技能・技術の伝承方法も検討する．

図 4.5 に示すように，伝承者から継承者への技能・技術の伝承方法は，**4.2** 節で取り上げた「①作業改善との連携」や AI・AR などの「②支援システムの活用」，そして「③外部への移管」の3つの方法がある．この3つの技能・技術の伝承方法は，支援技術の進歩に伴って進化して多様化している．

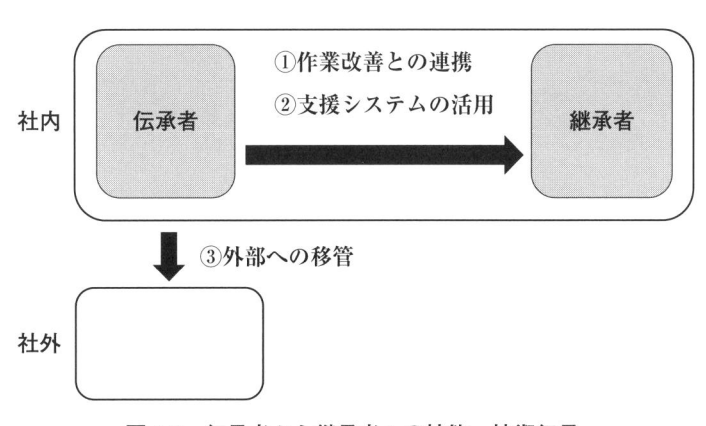

図 4.5　伝承者から継承者への技能・技術伝承

(3)　スキルレベルに応じた伝承例

スキルレベルに適した技能・技術伝承をするために，どのような工夫をすれ

ばよいだろうか．スキルレベルが高くなるほど，伝承者から継承者への直接伝承は比重が増え，作業改善の割合が低くなる傾向がある．また，支援システムの活用や外部への移管については，スキルレベルが低いほど多くの対応策がある．

図4.6は，技能・技術伝承方法およびスキルレベルによる分類ごとに伝承される技能・技術の大きさを表している．なお，スキルレベルそれぞれの定義は図4.4と同様である．ここで，レベル4「真の暗黙知」は形式知にならない知識を扱うので，支援システムの活用や外部への移管は難しく，伝承者が継承者に直接伝承する方法しかない．ただし，技能・技術が形式知として表現されていない場合，ブラックボックスの状態でも作業改善はできる．

■：伝承される技能・技術の大きさを表している

	人から人への技能・技術伝承	①作業改善との連携	②支援システムの活用	③外部への移管
レベル1	■	■	■	■
レベル2	■	■	■	■
レベル3	■	■		■
レベル4	■	■		
技能・技術伝承の例	OJT，徒弟制度など	加工条件の改善，段取り時間の短縮など	画像処理，AIやARによる支援（第1章コラム①（p.11）参照）	プレカットによる木材加工（第2章コラム②（p.20）参照）

図4.6　スキルレベルによる技能・技術伝承

作業改善を行ってからシステムによる支援をすれば，生産性向上と技能・技術伝承を同時に行うことができる．また，作業改善を行うプロセスでは技能者・技術者が活発にコミュニケーションすることで，スキルが伝承されるとい

う効果もある.

技能・技術伝承のための訓練方法はレベル1～レベル4それぞれで以下のような違いがある.

① レベル1の訓練方法：形式知中心の知識なので各種マニュアルを整備して訓練する．レベル1のスキルは作業改善をしてから機械やロボットに置き換えることも検討する.

② レベル2の訓練方法：状況に応じて知恵で判断できる訓練をする．想定できるケースの経験を重ねるためのシステムで支援して，ものづくりの知恵を深めていく.

③ レベル3の訓練方法：身体知により運動機能のギャップをなくす訓練をする．感覚機能の訓練と連想して，動作や作業のコツを摑めるように伝承する.

④ レベル4の訓練方法：「阿吽の呼吸」「以心伝心」により，マニュアルでは伝えられないスキルを伝承する．スキルレベルが高くなるほど，特定の伝承者でなければ伝承できない技能が多くなる.

図4.6のレベル4では，②支援システムの活用や③外部への移管では技能・技術伝承ができなくても，⑥作業改善との連携により技能・技術伝承ができることを示している.

スキルレベルに応じて伝承者および継承者の役割を定期的に見直さなければならない．付加価値の高い工程への伝承者の技能・技術を有効活用する仕組みが必要である．例えば，ものづくりの工程全体に関わる構想力を活かせる保守およびサービス業務があれば，経験が重視される特注品への対応やトラブル対応などの技能・技術を活かせる業務へ伝承者が異動できるよう制度を整備する．また，継承者にはモチベーション向上に寄与するようなキャリアパスや将来の姿を示す工夫をする.

技能・技術伝承で重要なことは，継承者と伝承者の相性やモチベーションに配慮することである．継承者の目標を設定する仕組みがあり，モチベーションが維持されていくと技能・技術伝承が促される．伝承者と継承者との相性，人間性，仕事に対する愛着なども技能・技術伝承に影響している.

(4)　技能・技術伝承の型

　本章の最後に技能・技術継承の型を整理してみよう．

　技能・技術の継承者は，伝承者の知恵と身体知を素直に学ぶことが肝要である．ものづくり現場で知恵を学習し，判断や作業・動作を伝承者に近づけなければならない．

　継承者の学びには，守破離という"型"がある．技能・技術の伝承は守破離のプロセスでスパイラルアップしていくと考えることができる．

　「守」では，伝承者が積み重ねてきた型を継承者が模倣して修得する．「破」では，継承者なりの工夫や努力を重ねて獲得する．「離」では，継承者独自の技能を創造する．

　守破離のプロセスでものづくり現場での製造技術と生産技術を深掘りしていく．「どうすれば技能・技術伝承ができるのか」「作業改善ができるのか」を考えることで，改善の面白さを自覚できるようになり生きた知恵が身についていく．このような守破離の実践を通じて技能者や技術者を育成することができる．

　ものづくり企業での技能・技術伝承は，製造技術と生産技術が中心となるが，計画，設計，調達，メンテナンス，リサイクルなどの周辺分野の技能・技術と密接に関連している．これらの周辺分野の技術と製造技術・生産技術を統合することで，技能・技術伝承の範囲は広がり，深みが増していく．

　守破離のプロセスでは，特に"離"の段階で独自性のある技能・技術が伝承される．**第1章**末のコラムで扱った事例では，製造技術・生産技術がシステム化されたことで設計段階の技術と統合した技能・技術が伝承されている．このように周辺分野と融合することで，新たな知見が創出されスキルの範囲が広がり，技能・技術者が成長していく．

　以上のような守破離の枠組みのもと，技能・技術伝承の目標を進化させて，伝承者と継承者が成長していくというダイナミックなプロセスを踏めるようにすることが重要である．

第4章の参考文献

[1]　野中帝二，安部純一(2013)：「企業変革事例　モノ創りのための技能・技術伝承」『FRIコンサルティング最前線』，Vol.5，p.46，図3コア技能の絞り込み．

第 5 章
技能・技術伝承計画の進め方

5.1 意図的・計画的であるべき技能・技術伝承

(1) 場当たり的な場合

　新人に対する技能・技術伝承が場当たり的であった場合，新人は自らのキャリア形成の方向性をイメージすることは難しい．このことを概念的に示したのが図 5.1 の左側である．これは，OJT で経験する業務の順序が定まっていなかったり，場所や指導者が日によって異なったりするというような，場当たり的な場合を示している．

　これに対し，図 5.1 の右側は意図的・計画的な技能・技術伝承となるよう配慮された場合を示している．意図的・計画的な技能・技術伝承は新人にとって

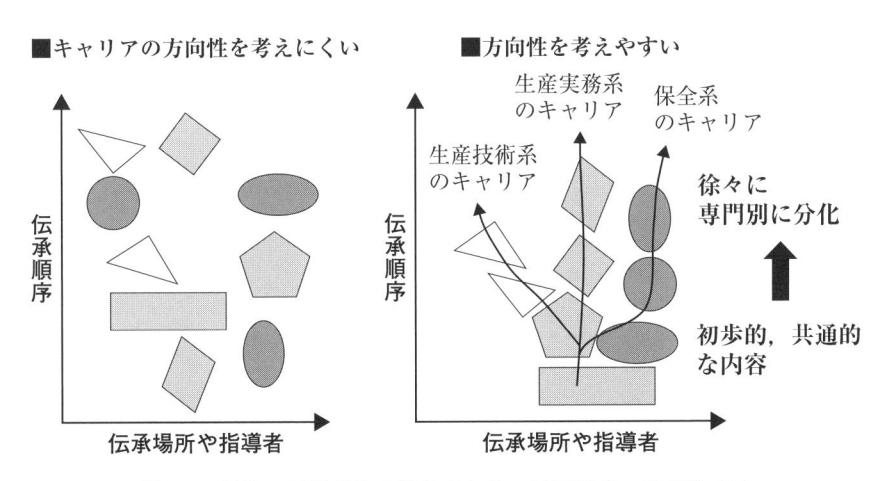

図 5.1　技能・技術伝承の進め方とキャリア形成への意識づけ

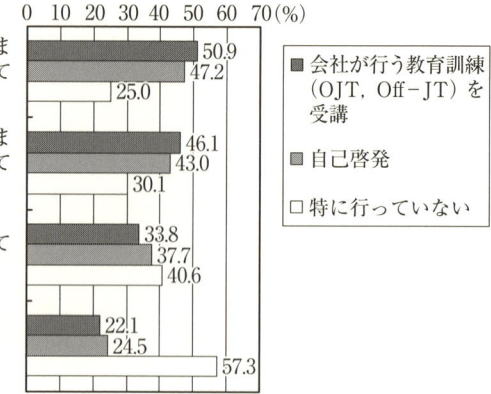

出典）　労働政策研究・研修機構(2006)：「資料シリーズ　No.13　企業の行う教育訓練の
　　　　効果及び民間教育訓練機関活用に関する研究結果(平成18年4月5日)」，p.62(htt
　　　　ps://www.jil.go.jp/institute/siryo/2006/013.html)

図5.2　経営方針の伝達度と能力開発の取組み状況

も，組織にとっても，キャリア形成の方向性について共通認識を形成しやすい．
このことを裏づけているのが**図5.2**[1)]である．

図5.2は「会社の経営方針のなかに自分の仕事を位置づけられるように伝え
られている」ほど，自己啓発や会社が企画した研修などへ取組みが活発である
ことを如実に示している．

　一子相伝のように長い年月をかけて師匠から弟子に技能継承するような場合
を除くと，企業組織における技能・技術伝承は，ゴールを想定したうえで意図
的・計画的に行われるべきである．

(2)　意図的・計画的な場合

　意図的・計画的な技能・技術伝承のイメージをもう少し具体的に示すために，
縦軸を職務の種類，横軸を経験年数で示したキャリア形成ロードマップを**図**

---

1)　ここで用いられているデータは，労働政策研究・研修機構が2004年1月に行った「労
　　働者の働く意欲と雇用管理のあり方に関する調査」(企業調査(100人以上)対象10,000の
　　うち回答1,066(10.7％)，労働者調査対象100,000のうち回答7,828(7.8％))からのもので
　　ある．

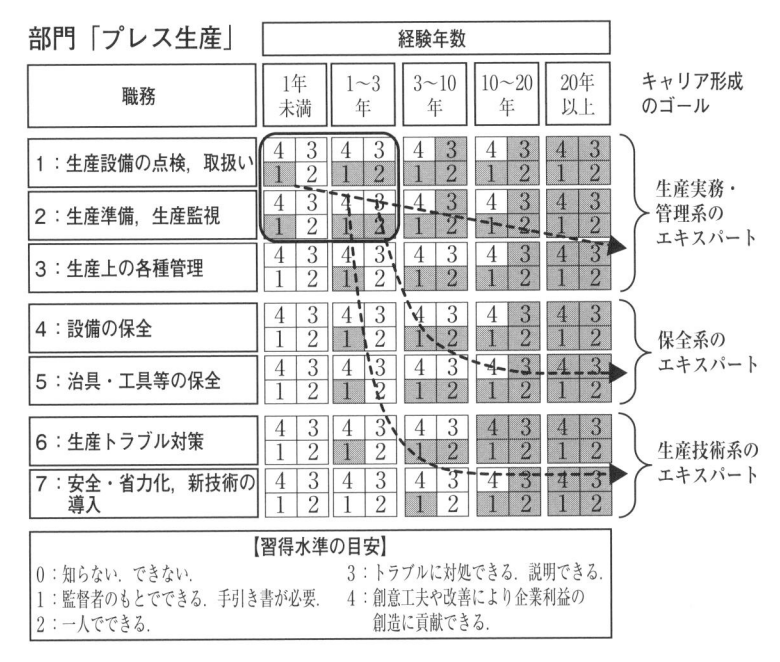

図 5.3　キャリア形成ロードマップのイメージ（例）

5.3 に示す.

　図 5.3 の下では習得水準を 0~4 で表現している. マス目の数字が網掛けになっているところは, その水準に達していることを示す. 図 5.3 では, 例として図中左上の黒枠線（▭）で囲んだ領域に 3 年未満の若手数名が職務 1, 2 を習得中であることを示している. この領域から伸びている 3 本の破線矢印は, 今後彼らを技能・技術伝承のゴール（つまりキャリア形成のゴール）に導くルートの例を示している. 3 年目以降の習得水準には期待値（目標値）として網掛けを施している. このとき, 何らかのゴールを強引に押し付けることは望ましくない. 職務の具体的な作業（例えば, 図 5.4）は多岐にわたるが, 対象者自身の希望や特徴などを見極めながら方向性を定めるようにする.

　職業キャリアの形成において各種資格は重要な役割を担っており, 講習修了証や検定合格証は公的な職業能力の証となる. そのため, 各種資格の取得状況を通じ, 本人ならびに事業所は職業能力の開発状況を客観的に理解することが

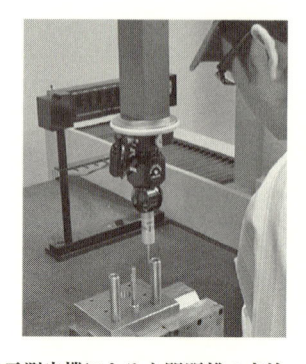

３次元測定機による心間距離の点検　　基準ゲージによるプレート穴径の点検

図 5.4　職務 5：治具・工具等の保全作業 (例)

項　　　　目	経験年数					
	1年未満	2〜5年	5〜10年	10〜20年	20〜30年	30年以上
職　プレス生産・段取り						
機械・金型等メンテナンス						
務　高度プレス技能						
生産管理監督						
各　動力プレス特別教育						
種　玉掛け技能講習						
講　フォークリフト						
習　プレス作業主任者						
修　動力プレス特定自主検査						
了　　（事業所内検査員）						
証　職長教育						
技　金属プレス加工技能士2級						
能　金属プレス加工技能士1級						
検　プレス金型製作技能士						
定　技能検定特級						
等　職業訓練指導員免許						

図 5.5　資格取得ロードマップのイメージ

できるので，多くの事業所において資格講習受講や検定受験などへの支援が行われている．

　資格取得に対する事業所の支援は，今後も積極的に行われるべきであろう．なぜなら，事業所による資格取得への支援施策は在籍社員への支援のみならず，

人材確保に向けた施策となるからである．例えば，**図 5.5** のような資格取得ロードマップを用意すると，入社を検討している人たちにとって貴重なキャリアガイダンスの資料となる．

5.2 技能・技術伝承の構図および伝承計画書の必要性

(1) 技能・技術伝承計画の必要性

技能・技術の伝承を意図的・計画的に実施する根幹は伝承計画の策定にある．伝承計画の策定は，山登りにおける登山計画の策定に相当する．アルプス級，ヒマラヤ級の山々に登るとき，「どの山に，いつ，どのような装備で登るか」などについて無計画であることは通常あり得ない．伝承計画がないという状況はこれと同様に危険な状態である．そのため，場当たり的な技能・技術伝承が行われることは極力避けるべきである．しかし，各種の調査を見れば「計画的・意図的に人材育成を実施すること」は事業主にとっても，ベテラン社員にとっても悩みの種であることが伺える．

図 5.6 は人材育成に関する問題点について事業主に行った調査[2]の結果であり，「人材育成に問題がある」と回答している事業主は 75.9％ にも上る．問題点の内訳（複数回答）では「指導する人材が不足している」「人材育成を行う時間がない」の 2 つが上位を占めている．事業主の回答の特徴は「人材育成の方法がわからない」という回答が 9.2％ に留っていることである．

一方で，ベテラン社員は「人材育成の方法がわからない」ことを主要な問題点と考えている（**図 5.7**[3]）．**図 5.7** は 30 歳代，40 歳代のベテラン社員に対する「日ごろ働いているなかで仕事や職場への不安・問題」に関する調査結果（複数回答）である．①から④が人材育成に関する質問であるが，いずれも過半数を

---

[2] この調査は，企業の能力開発の方針などを調べる「企業調査」，事業所の教育訓練の実施状況などを調べる「事業所調査」，労働者の教育訓練の実施状況などを調べる「個人調査」で構成している．「企業調査」「事業所調査」は常用労働者 30 人以上を雇用している企業・事業所を対象に，それぞれ約 7,200 企業・約 7,100 事業所を，また「個人調査」は調査対象事業所に属している労働者約 21,000 人を，それぞれ抽出して行っている（回答数 14,300）．

調査の実施期間は，「企業調査」が 2014 年 10 月 1 日から同年 12 月 8 日まで，「事業所調査」が 2014 年 10 月 1 日から同年 12 月 8 日まで，「個人調査」が 2014 年 10 月 8 日から同年 12 月 24 日までである．

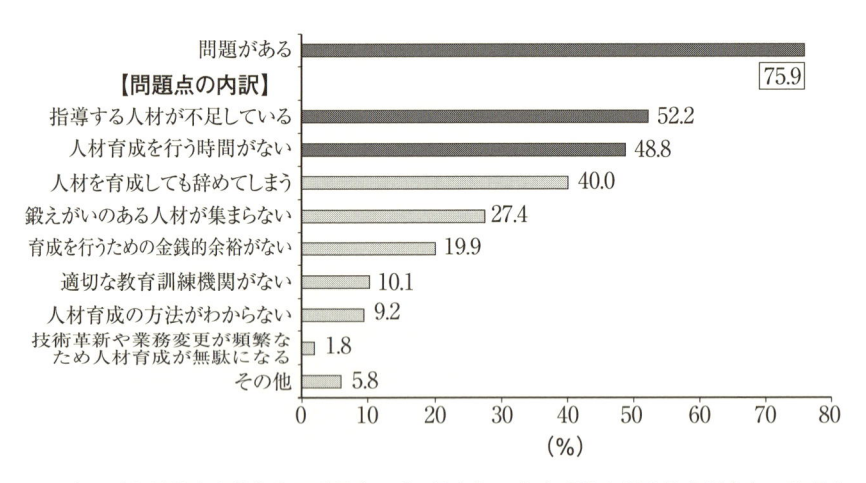

出典）　厚生労働省職業能力開発局(2014)：「平成 26 年度「能力開発基本調査」の結果を
　　　公表します(平成 27 年 3 月 31 日)」，p.19.「図 34　人材育成に関する事業所」「図 35
　　　人材育成に関する問題点の内訳(複数回答)」(https://www.mhlw.go.jp/stf/houd
　　　ou/0000079873.html)

図 5.6　人材育成に関する事業主への調査結果

超える回答となっており，その他の設問と比べて明らかに高い回答率となって
いる．**図 5.7** の左上にある【結果】と【諸原因】の関係は，筆者が①から④に
ついて考察し，原因と結果の関係として追記したものである．

---

3)　下記の調査にもとづく．
　(1)　「ものづくり企業の経営と人材確保に関する調査」(企業調査)：調査時期は 2002 年
　　　11 月下旬〜12 月．調査対象は帝国データバンクの企業データベースから 3,200 社を
　　　抽出(製造業のものづくり関連業種，従業員規模 300 人未満，売上高の増加企業と減
　　　少企業を均等に抽出)．回収数は 488 票(有効回収率：14.0%)．調査内容は①企業属性，
　　　②事業活動と競争力，③人材の過不足状況とその対応策，④雇用管理の工夫・改善お
　　　よび課題．
　(2)　「ものづくり人材の就業意識アンケート」(従業員調査)：調査時期は 2002 年 11 月
　　　下旬〜12 月．調査対象は，①企業ごとに 2 人ずつ依頼，計 6,400 人(ものづくり現場
　　　の中核的な仕事に就いているベテランと若手の 1 人ずつ)．回収数は 605 票(有効回収
　　　率：9.5%)．調査内容は①現在の仕事と勤務先の会社について，②会社，職場，仕事
　　　に対する評価，考え方について，③能力開発の現状と今後の意向，課題，④ものづく
　　　り産業・仕事の将来と雇用管理の課題について，⑤個人属性．
　　　　以上の詳細は「平成 14 年度①　中小製造業におけるものづくり人材の確保・育成
　　　に関する調査研究」(https://www.earc.or.jp/pdf/h14_1.pdf)を参照．

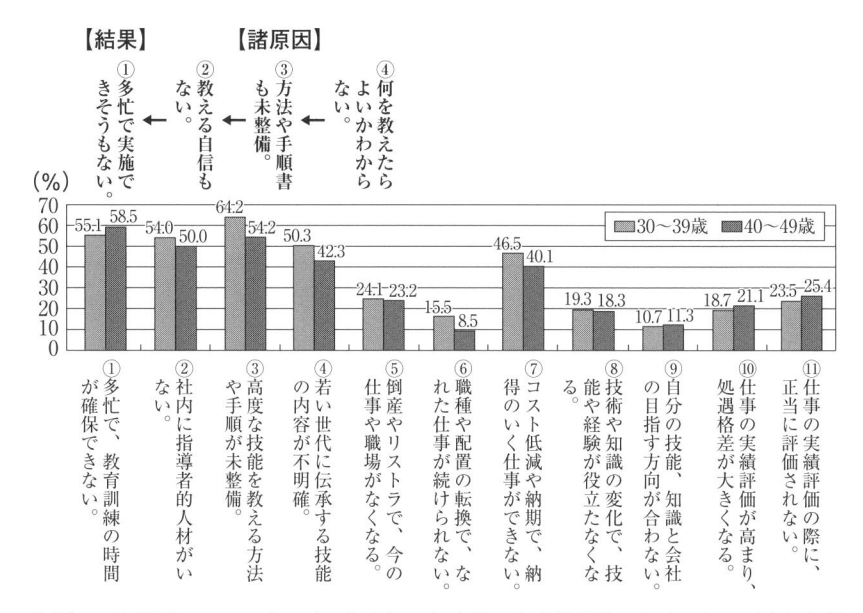

出典）　雇用開発センター(2002)：「平成14年度①　中小製造業におけるものづくり人材の確保・育成に関する調査研究」の報告書に筆者が一部追記.

図5.7　ベテラン社員への意識調査結果

　以上，事業主とベテラン社員への調査結果によれば，両者ともに人材育成に強い関心をもっているといえるものの，事業主は「人材育成を推進したいが社員が"笛吹けど踊らず"である」と感じており，OJTを担うべきベテラン社員は「何をどのように教えたらよいかわからない」ことで悩んでいる状況が伺える．このような状態で現場任せのOJTを推進しても技能・技術伝承の問題解決は困難と考えられる．

(2)　技能・技術伝承の基本的構図

　技能・技術の伝承が必要となる状況を職業能力開発の立場から**図5.8**のように表現できる．

　図5.8右に示す人物像は，「高度な技能・技術を有するベテランで職場に欠かせないが，何年か後には退職年齢を迎える人物」といったものである．この

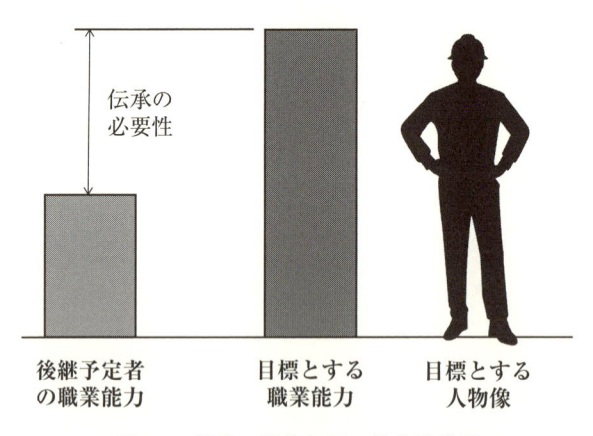

図 5.8 技能・技術伝承の基本的構図

ようなベテランを技能・技術伝承上の目標人物像としたとき，**図 5.8** の右側棒グラフはこのベテランが所有している職業能力を表し，左側棒グラフは後継予定者が現在保有している職業能力を表している．2 つの棒グラフの高さの差は技能・技術伝承の必要性を表している．このような差が職場のいたるところで実感されるときに組織的な対応が必要となる．

5.3　技能・技術伝承計画の基本的な流れ

　企業内での人材育成計画に関する近年の指導書としては，インストラクショナルデザイン（ID）にもとづく方法を解説した中原 [1] や鈴木 [2] の著書がある．職業能力の記述にもとづく技能・技術の伝承計画法の指導書としては森の著書 [3] [4] がある．また，職業能力開発総合大学校は職業能力開発計画の流れとそれに対応する職業能力開発データベースを公開 4) している．このデータベースの整備 5) は 2002 年頃に開始され 2019 年 5 月現在では 97 業種（2,700 職務）が整備されている．本書では，職業能力開発総合大学校の職業能力開発計画の流

---

4)　職業能力開発総合大学校基盤整備センター Web ページ（http://www.tetras.uitec.jeed.or.jp/index.html）

5)　例えば，職業能力開発総合大学校基盤整備センター（2018）：資料シリーズ No.71「自動車電装品製造業における職業能力の体系の整備等に関する調査研究」（https://www.tetras.uitec.jeed.or.jp/research/detail?id=1056）を参照．

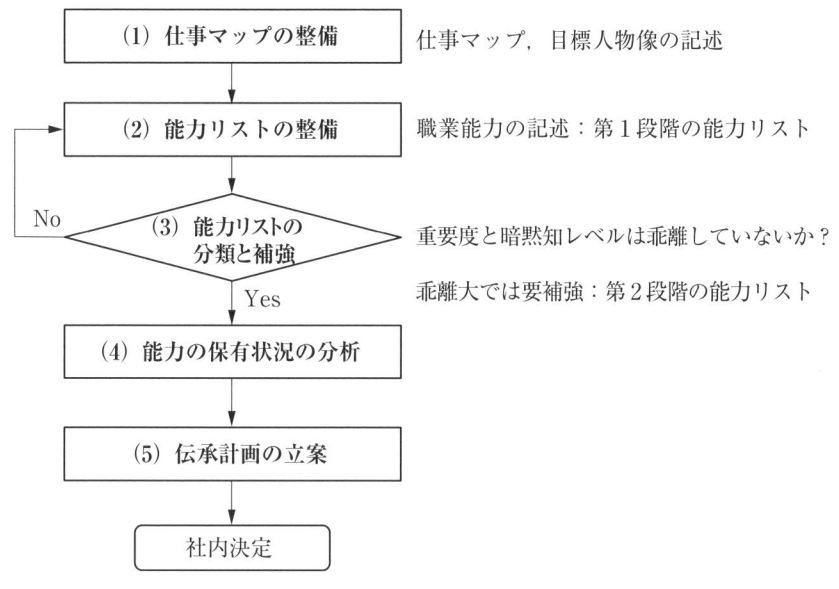

図 5.9 技能・技術伝承計画の基本的な流れ

れにもとづき解説する.

図 5.9 に技能・技術伝承計画の基本的な流れを示す.

図 5.9 の「(1)仕事マップ」を整備することで目標人物像(ゴール)を明らかにでき,「(2)能力リスト」を整備することで目標とする能力を明らかにすることができる. そして,「(4)能力の保有状況の分析」によって伝承の必要性を明らかにすることができる.

以下, 図 5.9 の(1)～(5)について具体的に解説する.

(1) 仕事マップの整備

この「仕事マップ」は事業所の組織図や業務分掌表で表現できる内容だが, 組織図や業務分掌表は多くの事業所ですでに整備されていると思われる. 整備されている場合は, 既存のものをそのまま用いるか, 改良すればよい. 表 5.1 には金属プレス加工業における仕事の構成表の例を示し, そのなかのプレス生産の仕事の職務内容の例を図 5.10 に示す. この 2 つの情報が仕事マップの基

表 5.1　仕事の構成表（仕事マップ）

部門	係	仕事
金属プレス	プレス生産	プレス生産
		金型トライ加工
	倉庫・出庫	在庫管理
		計数・軽量・出庫
	場内運搬	フォークリフト運転
		クレーン運転
	プレス金型	切削加工
		放電加工
		研削加工
		仕上げ・みがき・組立

【仕事】プレス生産

【職務】職務 1：生産設備の点検，取扱い
　　　　職務 2：生産準備と生産監視
　　　　職務 3：生産上の各種管理
　　　　職務 4：プレス金型の簡易保全

【主な使用設備】
　　　プレス機械，天井クレーン，プレス金型，
　　　プレス用板材，ルーペ，各種測長器，
　　　工具顕微鏡，工具研磨機

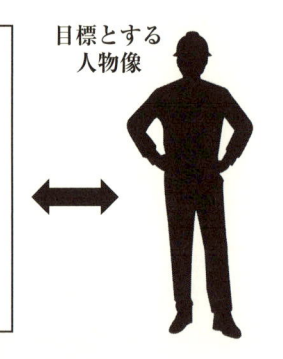

目標とする
人物像

図 5.10　プレス生産担当の職務内容（目標人物像の記述）

本情報となる．

　ここで，**図 5.10** は技能・技術伝承における目標人物像の記述を兼ねている．目標人物像の仕事を構成する職務に加えて，活動場所や扱う設備や資材などを記載しておくと，目標人物像に関する共通認識を社内で形成しやすい．職場内に業務所掌などを定めたものがあれば，それらをベースに整備すればよい．

　目標人物像は実在する場合もあるが，そうでない場合もある．社内で技能・技術の高度化を推進中である場合や，中長期的な人材育成を指向する場合，あるいは設備や技術の革新が見込まれる場合などでは，該当する人物は未だ存在しないことが多い．その場合は実在する人物や職務をベースとし，新たな職務

や設備を追加したり，逆に不要になるであろうものを除外したりして目標人物像を設定する．

(2)　能力リストの整備

　ここで述べる能力リストは，**図 5.10** に示した職務を遂行する際に必要な職業能力を記述し一覧表化するものである．職業能力を記述する目的は，**図 5.8** の右側の棒グラフの内容を職場で共有できる情報(通常は文字情報)に置き換えることである．

　本章で扱う「職業能力」は，職業能力開発促進法で定義[5]されている「職業に必要な労働者の能力」とする．これは，職務の遂行に必要な労働者の能力であり，その職業における労働課題を処理する能力を意味するものである[6]．

　職務の遂行と職業能力の関係を**図 5.11** に示す．職務遂行による労働成果として生産物の納品やサービスの提供などを人が適切に行えるのは，そのための職業能力を適切に発揮しているからである．逆に期待する労働成果が産み出せない場合は，職業能力が不足しているからである．したがって，技能・技術伝承に取り組むことは，伝承候補者の職業能力の開発に取り組むことなのである．このとき，より効果的な技能・技術伝承を実施するためには，目標人物像の職業能力をなるべく詳細に記述しておくことが重要となる．

　職業能力開発事業における職業能力という用語は，厚生労働省職業能力開発局の解説[6]によれば，**図 5.12** に示すように「技能」「知識」「態度」の3要素によって構成されていると解釈されている．職業能力の記述形式としては，技能は「……できる」，知識は「……を知っている」，態度は「……できる」という形で記述されることが多い．これらの表現は，国や都道府県が運営する公共

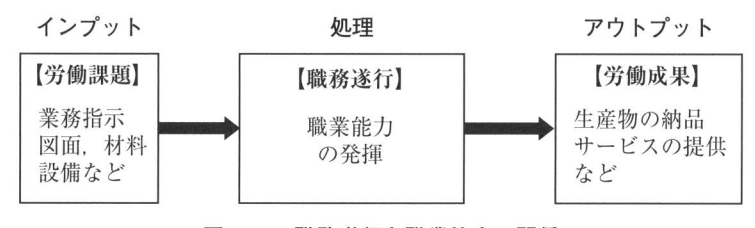

図 5.11　職務遂行と職業能力の関係

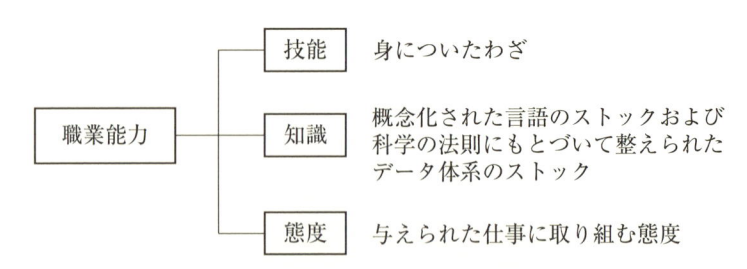

図5.12　職業能力開発事業における職業能力の構成要素

表5.2　職業能力の記述例（第1段階の能力リスト）

番号	職務1：生産設備の点検，取扱い	重要度	暗黙知レベル
1-1	機械操作における安全上の要点，災害事例を知っている.（知識）	A	L2
1-2	機械各部の構造と機能を知っている.（知識）	B2	L2
1-3	チェックシートに従って抜かりなく日常点検を励行できる.（態度）	B2	L1
1-4	プレス機械および周辺装置の操作ができる.（技能）	B2	L2
1-5	指示値どおりにスライドの下死点位置をセットできる.（技能）	A	L1
1-6	加工油の粘度を季節に合わせて調整できる.（技能）	B1	L4
–	以下略		
番号	職務2：生産準備，生産監視	重要度	暗黙知レベル
2-1	プレス金型の構造と機能を知っている.（知識）	B1	L1
2-2	プレス金型の玉掛作業ができる.（技能）	B2	L2
2-3	プレス金型や材料の取り付けができる.（技能）	A	L3
–	以下略		

注）　重要度と暗黙知レベルの目安は図5.13，図5.14参照.

職業訓練や中央職業能力開発協会が運営する技能検定，ジョブ・カード制度[7]
などの職業能力開発事業で広く用いられている.

　表5.2は図5.10で示した目標人物像（プレス生産担当者）の職業能力の記述例
を示したものである．ここで，「技能」は身体的（または知的）な具体的行動で
あり，労働成果を産み出すうえで必須のものである.

　したがって，職業能力の記述においては技能の記述は必須である．表5.2の

番号 1-3「チェックシートに従って抜かりなく日常点検を励行できる」などのような「態度」は，「知識」や「技能」を発揮するための前提条件となるものだが，この「態度」は企業文化や企業の活動方針などとも関係が深いものでもある．また，「知識」は単独では職業能力としての役割を果たせない．例えば，番号 1-2「機械各部の構造と機能を知っている」という知識が職業能力として発揮されるためには，番号 1-3，1-4，1-5 の技能が必要なので，「知識」は具体的な行動を伴う「技能」を伴うことによって職業能力としての役割を発揮するといえる．このようなことは，身体運動的な技能だけでなく，設計業務のように情報を処理する技能においても同じである．例えば，設計者における「材料の寸法を決定できる」や「材料の強度計算ができる」などの技能には，材料工学や力学に関する知識が不可欠である．

(3) 能力リストの分類と補強

表5.2 のように抽出された職業能力リストは，以下の要領で分類し必要に応じて補強すると伝承計画の策定が進めやすくなる．

(a) 重要度の分類

職業能力の重要度の分類の目安を**図 5.13** に示す．重要度は**図 4.1** で示されている影響度と発生頻度にもとづき，次の 4 つに分けている．

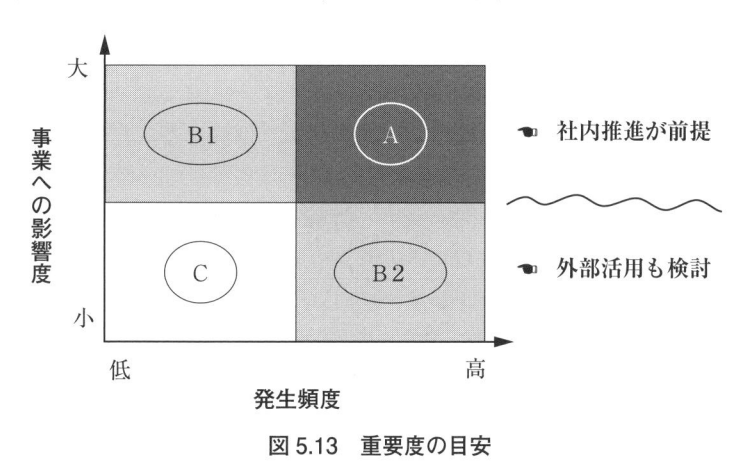

図 5.13 重要度の目安

- 重要度 A ：事業への影響度が大きく，かつ発生頻度の高いもの.
- 重要度 B1：事業への影響度が大きく，かつ発生頻度の低いもの.
- 重要度 B2：事業への影響度が小さく，かつ発生頻度の高いもの.
- 重要度 C ：事業への影響度が小さく，かつ発生頻度の低いもの.

なお，表5.2 の重要度の欄はこの分類に従った記入例である.

(b)　暗黙知レベルの分類

職業能力の暗黙知レベルの分類の目安を図5.14 に示す.

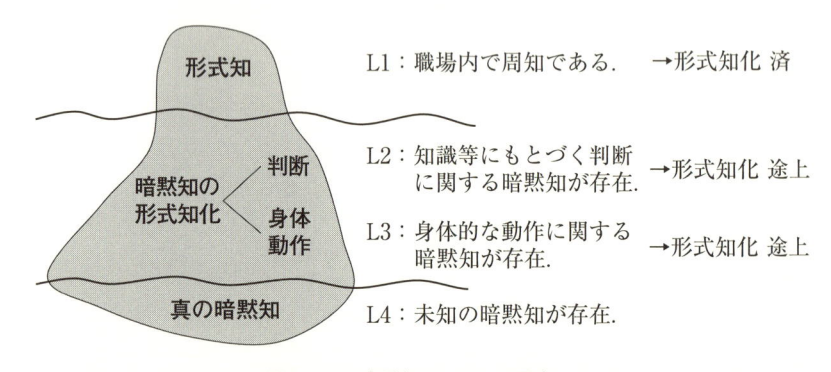

図5.14　暗黙知レベルの目安

この重要分類は図4.4 で示されているスキルレベルにもとづき4つに分けたものである. なお，表5.2 の右から1列目の暗黙知レベルの欄はこの分類目安に従った記入例である.

(c)　分類結果にもとづく能力リストの補強

能力リストの分類例として，表5.2 の番号1-5「指示値どおりにスライドの下死点位置をセットできる」について検討してみよう.

図5.15 にプレス機械の下死点位置とその変動要因の関係を示す.

プレス生産では，スライドの下死点位置によって加工品の高さ方向の寸法が定まるため，下死点位置を適切にセットする技能は加工寸法に直結し影響度が大きい. これに加えて，毎日調整を行うため技能を適用する頻度も高く，重要

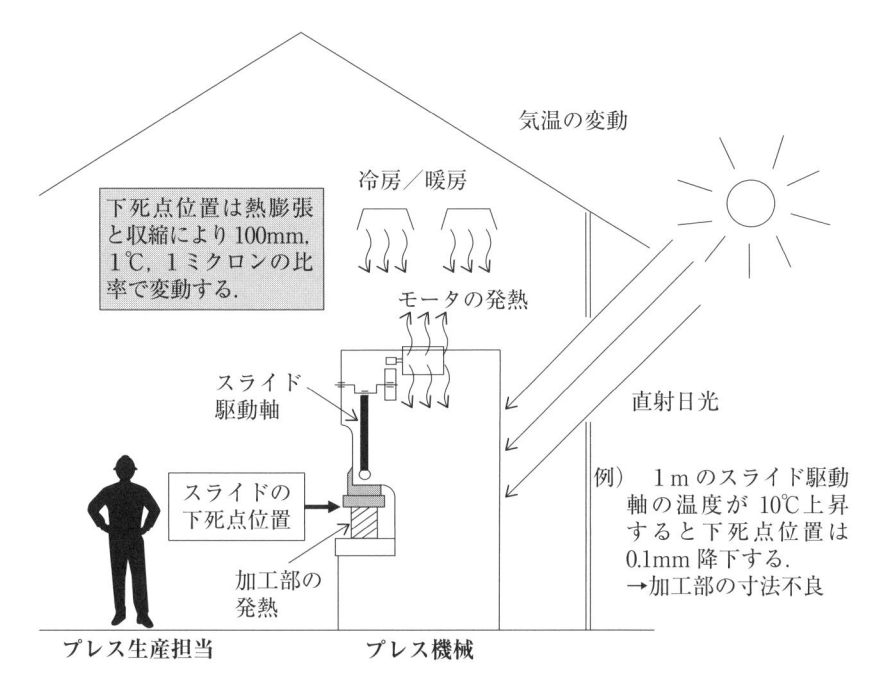

下死点位置は熱膨張と収縮により100mm, 1℃, 1ミクロンの比率で変動する.

気温の変動

冷房／暖房

モータの発熱

スライド
駆動軸

スライドの
下死点位置

加工部の
発熱

直射日光

例) 1mのスライド駆動軸の温度が 10℃上昇すると下死点位置は 0.1mm 降下する.
→加工部の寸法不良

プレス生産担当　　　　　　　プレス機械

図 5.15　スライドの下死点位置の変動要因(温度変動に限定)

度を「A」としている. その一方で, 指示値どおりに下死点位置をセットする作業そのものは機械の下死点位置表示パネルを見ながら調整する比較的シンプルなものであるので暗黙知レベルを「L1」としている. このように重要度と暗黙知レベルが乖離している場合は, 暗黙知レベル L2 や L3 の職業能力が隠れていると考えられるので, 能力リストの補強を検討すべきである.

　職業能力の分類結果にもとづく能力リストの補強例を**表 5.3** に示す.

　表 5.3 中の「補強1」はスライドの摺動軸などの熱変動の影響に関する知識である. また,「補強2」は昼休みなどの長い休憩後に機械の温度や工場内の温度が変わるため, 寸法不良が発生しやすいことに対応する技能である. この技能は,「補強1」の知識が伝承されていないと本質的な理解ができないため, 担当者の代替わりなどによって途絶えがちな技能である. そして,「補強3」は機械や工場の温度変動と加工品の寸法精度の関係に関する深い理解と創意工夫する応用力, そして品質向上に対する執念などが必要であり最高度の技能レ

表5.3　能力リストの補強例(第2段階の能力リスト)

番号	職務1：生産設備の点検，取扱い	重要度	暗黙知レベル
1-5	指示値どおりにスライドの下死点位置をセットできる.(技能)	A	L1
補強1	＊熱変動によってスライド位置が変動する現象を知っている(知識)	同上	L2
補強2	＊休憩後は初品寸法によるスライド位置修正を励行できる(技能，態度)	同上	L3
補強3	＊生産ラインの熱変動対策を提案，実行できる(知識，技能，態度)	同上	L4

注)　重要度と暗黙知レベルの目安は図5.13，図5.14参照.

ベルといえる.

　ある中小のプレス加工企業では，技師長が高精度な金型製作とプレス生産を行うための究極の温度変動対策として近隣で売り出された地下工場の購入を社長に提案し，企業価値の創造に大きく貢献した例もある．能力マップの補強は簡単なことではないが，暗黙知の発見とそれに伴う生産活動のレベル向上のきっかけとなり得る重要なステップである.

(4)　能力の保有状況の把握

　職業能力の保有状況を把握する目的は，目標とする職業能力と現状との差を確認することによって今後の取組み課題を明らかにすることである．このときの対象者は各部門に在籍する新人から中堅，ベテランまで全員とすべきである.

　中堅やベテランの職業能力の保有状況を把握することの利点としては，少なくとも次の3つが挙げられる.

　1つ目は，保有状況の把握により複数のOJT指導候補者を抽出でき，特定のベテランにOJT指導の負荷が集中することを緩和できることである．2つ目は，通常は見落としがちな中堅やベテランの能力開発上の課題発見が可能となり，技能・技術のさらなる高度化の契機となることである．そして，3つ目は「我が社は全社員の職業生涯にわたる能力開発，キャリア形成をサポートする」というメッセージを社員に発信できることである.

　図5.16に個人単位の職業能力の保有状況の把握例を示す．習得水準の目安は，次に示す図5.17と同じである．また，図5.16は表計算ソフトを用いると習得水準欄に「○」または「1」を記入したときに連動して右側の棒グラフが

図 5.16　個人単位の職業能力の保有状況の把握イメージ

○○部プレス生産グループ　　2019 年 9 月現在

番号	職務 1. 生産設備の点検, 取扱い	重要度	暗黙知	レベル	年齢 / 年数	W 氏	X 氏	Y 氏	Z 氏	手法	伝承関係(案) 指導	→	受講
					19 / 0.5	25 / 3	40 / 15	55 / 37					
1-1	機械操作における安全上の要点, 災害事例を知っている.	A	L2			1	2	3	4	社内 Off	Z	→	W
1-2	機械各部の構造と機能を知っている.	B2	L2			1	2	4	3	社内 Off	Y	→	W
1-3	チェックシートに従って抜かりなく日常点検を励行できる.	B2	L1			2	3	4	4	不要	–		–
1-4	プレス機械および周辺装置の操作ができる.	B2	L2			1	2	3	4	OJT	Z	→	W
1-5	指示値通りにスライドの下死点位置をセットできる.	A	L1			1	3	3	3	OJT	X	→	W
1-6	熱変動によってスライド位置が変動する現象を知っている.	A	L2			0	0	1	1	Off	外部	→	Y, Z
1-7	休憩後は初品寸法によるスライド位置修正を励行できる.	A	L3			0	1	3	2	OJT	Z	→	W, X
1-8	生産ラインの熱変動対策を提案, 実行できる.	A	L4			0	0	1	1	Off	外部	→	Y, Z
1-9	加工油の粘度を季節に合わせて調整できる.	B1	L4			0	1	2	2	研究会	相互	→	全員
1-10	加工荷重作用時のプレス機械の変形挙動と工具寿命の関係を考察できる.	A	L4			0	0	1	0	Off	外部	→	Y

【習得水準の目安】			
0	できない. 知らない.	2	一人でできる. 知っている.
1	監督者のもとでできる. 手引き書が必要.	3	かなりよくできる. 説明できる. トラブルに対処できる.
		4	創意工夫や改善により企業利益を創造できる.

注)　Off：Off-JT の略.

図 5.17　部署単位の職業能力の保有状況と伝承関係

表示されるが，同時に**図5.17**のW氏の欄にスコアが表示される．

　図5.16および**図5.17**のW氏の列は，対象者であるW氏がまず自己評価を行い，その後上司のA氏がW氏とヒアリングを行い，合意のうえで必要な修正をして確定したものである．このような保有能力の把握を定期的に行うことで能力開発の進捗状況を可視化できる．**図5.16**の例では便宜上，配属後半年と2年目末の状況把握結果を示しているが，実際には各職場に即した時期に把握すればよい．

　図5.17は，**図5.16**と同様のことを部署単位に展開して，各メンバーの職業能力の保有状況を把握した例だが，これにより部署の強みや今後の強化ポイントが可視化できる．なお，**図5.17**中の表の右側については，次項で説明する．

(5)　伝承計画の立案

(a)　伝承必要箇所の抽出

　個人単位や部署単位の能力保有状況にもとづき，技能・技術伝承の必要箇所を抽出する．経験年数が5年未満程度の社員の場合は，習得水準「2」に到達していない能力項目が当面の伝承必要箇所となる．**図5.17**の例では新人のW氏や経験3年のX氏が該当する．

　経験年数5年程度を超え，一般的には一人前とよばれる社員の場合は，習得水準「3」「4」への到達が伝承必要箇所の候補となるので，年齢構成と能力の習得状況を勘案し決定する．

　図5.17の番号1-6，1-8，1-9，1-10は技能の重要度と暗黙知レベルが高いにもかかわらず，習得水準が低い箇所だが，これらはこの部署の今後の課題であり，能力開発必要箇所である．

(b)　教育訓練手法の検討

　伝承の必要箇所ごとに教育訓練手法を検討する．企業が用いる一般的な教育訓練手法は，OJT（オン・ザ・ジョブ・トレーニング）とOff-JT（オフ・ザ・ジョブ・トレーニング），自己啓発などである．

　図5.17では右側の「手法」欄に教育訓練手法を記入している．番号1-9に示した「研究会」はQCサークル的な活動を想定したものである．また，Off-

JT には外部研修を利用する場合と社内講師による社内研修がある.

(c)　伝承関係の検討

　技能・技術の伝承活動では伝承手法として OJT を採用する場合が多いので,OJT の指導者と受講者(後継者)の関係を設定しておく必要がある. **図 5.17** の右側が伝承関係の 1 例である. 社内での研究会では特別な指導者を招聘する場合を除くと, 相互研鑽が前提となるので「相互」と記入している.

(d)　日程表の作成

　表 5.4 に技能・技術伝承活動の日程表の例を示す.

　研修名称①の「OJT 指導法と作業手順書整備法」は**図 5.17** の能力保有状況の分析結果からは抽出されなかった内容である. しかし, OJT 指導予定者がTWI-JI(監督者訓練:仕事の教え方)などを学んでない場合を想定すると設定しておきたい内容である.

　研修名称③の「プレス機械の操作と構造上の要点」は, **図 5.17** の番号 1-2および 1-4 を組み合わせたものである. **図 5.17** では指導者の候補は番号 1-2

表 5.4　技能・技術伝承活動の日程表(例)

日程表		部署：プレス生産グループ																		* 上段に計画. 下段に実績を記入
能力番号	研修名称	手法	指導者	→	受講者(後継者)	計画時間	実施場所	教材, 機材など	4月	5月	6月	7月	8月	9月	10月	11月	12月	1月	2月	3月
なし	① OJT 指導法と作業手順書整備法	Off-JT(社外)	外部		OJT指導候補者	2 日	ポリテクセンター	・オーダーセミナー依頼に向けた連絡調整	‒											
1-1	② プレス機械の災害事例と対策の進め方	Off-JT(社内)	Z	→	W	3Hr	会議室	・「プレス作業教本」・社内事例集・「現場改善」など		‒										
1-2 1-4	③ プレス機械の操作と構造上の要点	Off-JT(社内)	Y	→	W	1Hr×3	エリア A	・図書「知りたいプレス機械」・機械 No1				‒								
1-5	④ スライド下死点位置調整作業	OJT	Z	→	W	1 日	エリア A	・作業手順書 NoX・機械 No2												
1-6 1-8	⑤ 工作機械の温度・精度管理に関する講習会	Off-JT(社外)	外部	→	Y, Z	2 日	未定	・講習パンフレット等の情報収集		‒‒‒‒‒ 講習情報の探索, 申請 ‒‒‒‒‒										
1-9	⑥ 加工油管理に関する調査研究	研究会	相互及び工場長	→	部署全員	1.5Hr×月 2	会議室, エリア A	・図書「プレス作業の潤滑技術」, 各種加工油, 燃度計, ほか					夏季調査					冬季調査		報告会

がY氏，番号1-4がZ氏であったが，**表5.4**では機械構造に精通しているY氏が担当することとしている．

研修名称⑤は**図5.17**の分析結果から技能の重要度と暗黙知レベルが高いにもかかわらず習得水準が低く，この部署の重点課題となっている部分なので，ベテランのX氏とY氏を外部に送り出す予定である．ここで，適切な講習などが見つからない場合，参考書の購入などに切り替わる場合もある．

研修名称⑥の加工油に関する研究会は，**図5.17**の分析の結果，番号1-9の加工油に関して部署の習得水準が「2」にとどまっており，暗黙知が潜在すると考えられたことから設定されたものである．

以上，**図5.9**の(1)～(5)について，技能・技術の伝承計画の基本的な流れに沿って解説した．

この基本的な流れは，全国でさまざまな訓練科(機械，電気，電子制御，建築，木工他)を展開している公共職業能力開発施設の運営において培われたものである．計画策定の基本的な流れが理解されることで各事業所における取組みが進展することが期待される．

技能・技術伝承計画の策定と実施は，多くの企業にとって難問である．しかし，いったん計画が策定され，実施サイクルが軌道に乗れば，それは人材成長に関する永続性のある仕組みとなる．そして，その仕組みは設備や商品とは異なり，外部からは決して窺い知ることのできない企業成長のエンジンとなり，企業競争力の源泉となる．

5.4　OJTにおける指導の基本事項

(1)　OJTの特徴

職業能力開発促進法[8]では，OJT(On the Job Training)とは勤労者の「業務遂行の過程内」における職業訓練と定義されている．

OJTの短所として「理論的内容(学科的内容)の習得には向かない」「業務スケジュールの制約により学習順序がアトランダムになりやすいため体系的な訓練(易から難へ，基礎から応用へと順序だった訓練)が実施しにくい」などが挙げられる．

　しかし，OJT の長所には「日常業務のなかで実施できるので特別の予算が不要である」「生産現場での教育なので実践的である」「マンツーマン指導ができる」「反復による習熟ができる」などの優れた点が多いため，わが国の産業界における人材育成で中心的な役割を担っている．

(2)　OJT 運営上の課題

　OJT の運営上の課題を考える際，OJT を事業所内に存在する「目には見えない学校」と捉えると課題を整理しやすい．つまり，「社員は生徒であり，社屋や工場は校舎，運動場である」と考えたとき，この目には見えない学校の「時間割」「教科書」「先生」が教育品質の保証に欠かせない要件となる．

　ここで「時間割」というのは，例えば小学校であれば6年分の教育計画書を週間計画に落とし込んだもので，時間割の存在は教育計画書の存在を意味している．

　「時間割がない」「教科書がない」「教え方を学んだ先生がいない」学校にわが子を送り出す親はいるだろうか．高度な特殊技能を一子相伝で継承するための道場的なものを別とすれば，ないないづくしの学校の教育品質に信頼を寄せる人は少ないだろう．しかし，残念ながら近年の事業所内の OJT の現状は，産業構造の空洞化や団塊世代の完全退職，少子高齢化などにより，このような学校の状況に近づきつつあると推定される．

　前述した図 5.6 の「経営者の回答」および図 5.7 の「ベテラン社員の回答」が「何を教えたらよいかわからない」「手順書が未整備」「指導的人材者がいない」などに集中している状況はそのことを裏づけている．

(3)　OJT における先輩社員の役割

　OJT は見掛け上，前述の図 5.11 に示した通常の職務遂行の構図がほぼ当てはまる．OJT が通常の職務と異なる点としては次の事項が挙げられる．

- 指導者と後継者のペア（後継者は複数の場合もあり得る）によって成立すること
- 指導者は職業能力を発揮しつつ「後継者の教育」を行っていること
- 後継者は指導者の監督のもと，自らの「職業能力の開発」に注力してい

　　ること

　したがって，効果的な OJT が運営されるためには，学校と同様に指導者(つまり先生)と後継者(つまり生徒)の関係が成立していることが前提となるので，OJT の運営において指導に当たる先輩社員が「先生」としての役割を担い得ることは欠かせない要件となる(図 5.18).

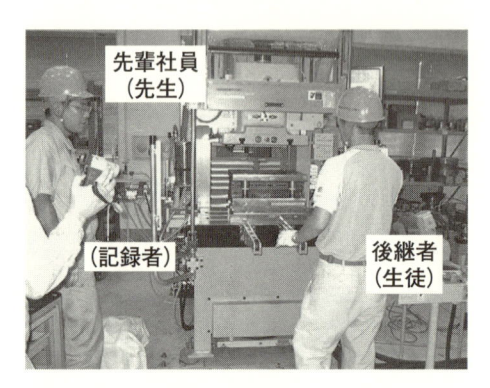

図 5.18　先生と生徒の関係で成立する OJT

(4)　「やってみせる」だけの指導の弊害

　労働政策・研究機構が製造業の経営者に対して行った調査[6]の結果(図 5.19)では OJT の指導法が確立していない事業所は 58.5％に上る.

　現場任せの OJT で「やってみせる」だけの指導が続けられた結果，安全面や品質面，納期などでさまざまな弊害を経験している事業所は多いのではなかろうか.

　筆者が「やってみせる」だけの指導の効果を，職業能力開発総合大学校で 50 名のクラスを対象に検討してみたことがある.指導内容は「カッターナイフによる鉛筆削り」をやってみせるだけの簡単なものだったが，教員がやってみせたとおりに削り，片づけられた学生はなんと 1/3 程度に止まっていた.その他の学生はというと，何度も芯を折ってしまったり，鉛筆をいびつな形状にしてしまったり，飛び散った切り屑を放置したまま帰ったり，カッターナイフの刃が飛び出たまま返却したり……などというように生産性や品質，安全面で

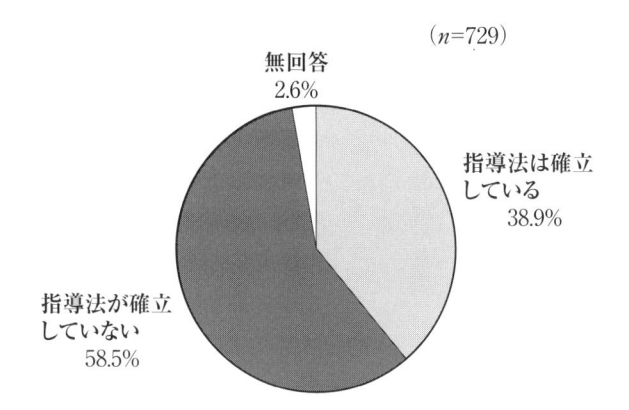

(n=729)

無回答
2.6%

指導法は確立
している
38.9%

指導法が確立
していない
58.5%

出典）労働政策研究・研修機構(2007)：「資料シリーズ No.26 製造業における OJT を効
果的に推進する要因―都道府県別将来推計―(平成 19 年 4 月 13 日)」，p.44,「図表
3-3-2 計画的 OJT 実施時と指導法の確立」を筆者がグラフ化したもの(https://www.
jil.go.jp/institute/siryo/2007/026.html)

図 5.19 製造業における指導法の確立状況

問題となるような事象が多数見られた．これは「やってみせる」だけの指導が
もつ弊害を如実に示しているといえるだろう．

---

6) この調査では，「製造業における事業所内 OJT の効果的な進め方に関する調査研究(職
業能力開発大学校，県立技術短期大学校卒業生の動向調査を含む)」(調査票 A)と「製造
業における事業所内 OJT の効果的な進め方に関する調査研究」(調査票 B)それぞれを以
下のように送付・回収した．
　調査票 A については，高齢・障害・求職者雇用支援機構が設置する職業能力開発大学
校(全国 10 校)と県立技術短期大学校(全国 9 校)のうち比較的早期に設立された施設と
最近設立された施設それぞれ 1 校，合計 4 校を選定し，4 校に卒業生採用事業所 300 を
ランダムに選出して計 1,200 事業所を決定した．調査票 B については，㈱帝国データバ
ンクが保有するデータから製造業及びサービス業(機械修理業など)で従業員規模「30 人
未満」「30 人以上 100 人未満」「100 人以上 300 人未満」「300 人以上」の 4 区分でそれぞ
れ無作為に 2,500 事業所，計 10,000 事業所を選出した．
　調査票 A は 1,200，調査票 B は 10,000 を事業所の教育担当者宛に送付し，返信用封筒
による回収調査とした．調査実施期間と回収調査票は平成 18 年 9 月 28 日に発送し，10
月 20 日までに回収を行った．回収状況は，有効回収数 1,645 票で有効回収率 14.7% で
あった．調査票 A については有効回収率 23.0%，調査票 B については有効回収率 13.7%
であった．

(5)　OJT における「指導の 4 活動」の活用

(a)　指導の 4 活動

　企業内での指導法に関する研修としては TWI(監督者訓練)[9] が定着しているので適宜活用されたい．ここでは，森が提案した「指導者の 5 つの活動」[10] [11] の考え方 7) を職業訓練の伝統的な段階的指導法に適用した「指導の 4 活動」[12] を紹介する．指導の 4 活動の具体的内容は次の事項である．

　①　動機づけ：「学びたい」という気持ちにさせること

　②　提示：学ぶ内容を説明し，やってみせること

　③　適用：やらせてみること

　④　評価：習得状況を確かめること

以下に「指導者が陥りやすい事項」を示すが，技能指導に当たる指導者が陥りやすい代表的事項を上側に，該当する「指導の 4 活動」は下側に示している．

　❶　相手の心や準備を考えず一方的に教えた．

　　　→該当する指導の 4 活動：「①動機づけ」の不備

　❷　説明の仕方が不十分だった．

　　　→該当する指導の 4 活動：「②提示」の不備

　❸　十分な練習をさせていなかった．

　　　→該当する指導の 4 活動：「③適用」の不備

　❹　「本当にできるようになったか」確認していなかった．

　　　→該当する指導の 4 活動：「④評価」の不備

　以上の❶〜❹は大なり小なり，OJT を担当する先輩社員が経験することではないだろうか．前述した「やってみせるだけ」の指導もこれに該当する．

　表 5.5 は，OJT を担当する先輩社員が指導の 4 活動を具体的に行うためのガイドとして，各活動内容を細分化しチェックシートの形にしたものである．

　OJT の指導者は教師ではなく，これを記憶する必要もない．指導の際に表5.5 の各項目を一つずつ確認しチェック印を入れながら，OJT を進めればよい．

---

　7)　「指導者の 5 つの活動」は生産現場のシステム化や高度化，知的管理系技能なども考慮した指導活動の要素として森が導き出した [10]．その特徴は伝統的な段階的指導法のような段階を設定せず，スキルスタディ(技能研究)などから成る 5 つの指導活動の要素を指導内容の特性に応じて柔軟に組み合わせるというものである．

表 5.5　指導の 4 活動チェックシート

	番号	具体的内容
1. 動機づけ	1-a	□：気楽にさせる.
	1-b	□：何の作業か伝える．関心を集める.
	1-c	□：作業についての経験や知識を確認する.
	1-d	□：作業の意味や重要性を示す.
	1-e	□：目標を伝える.
2. 提示	2-a	□：見やすい位置につかせる.
	2-b	□：手順を一つづつ言って聞かせ，やってみせ，書いてみせる.
	2-c	□：はっきりと，よく見えるように示す.
	2-d	□：急所を強調し，理由を説明する.
	2-e	□：理解できる以上の提示を一度にしない. （内容が多い場合は分割し，提示と適用を複数回実施する）
3. 適用	3-a	□：正しい位置につかせる.
	3-b	□：作業をやらせてみる.
	3-c	□：不安全な所や誤っているところ，抜けているところなどを直す.
4. 評価	4-a	□：手順を言わせてみる．以下，必要に応じ補足指導する.
	4-b	□：作業を観察する.（安全性，正しい手順，生産性の観点）
	4-c	□：成果物がある場合，品質の確認をする.
	4-d	□：急所を言わせてみる.
	4-e	＊□：仕事につかせてみる.
	4-f	＊□：自信のないところはどこかを確認する.

注）　＊印は，後日評価（フォローアップ）.

このようにして指導の 4 活動を励行することで，技能指導の原則に沿った
OJT の展開が期待できる.

(b)　指導の 4 活動チェックシート

表 5.5 の各チェック項目のポイントについては以下のとおりである.

　① 動機づけ

　　1) 番号 1-a：挨拶や会話を通して OJT 受講者をリラックスさせると
　　　同時に，顔色や体調を確認し「体調面や心理面などで問題がないか」

を確認する.

2)　番号 1-b：人は関心のないものを学ぶときに集中力を失う. したがって, 冒頭で OJT の対象が何かはっきり伝えることが重要である.

3)　番号 1-c：「まったく未経験のこと」と「何らかの経験があること」では人の適応速度は異なる. したがって, あらかじめ対象作業や道具, 材料などについての経験や知識を把握しておくことが重要である.

4)　番号 1-d：つまり,「学ぶ意義」を理解させることである. 昔ある国にあった重い刑罰に「無意味な石運び」というものがあった. これは「両手で持てる程度の石を何個か 10 数 m 先まで運び, 運び終わったら, その石を元へ戻すという作業を延々繰り返すというもの」である. これは体力的にきついものではない作業だが, しばらくすると誰もが心理的に参ってしまい,「二度と同じ罪は犯さない」と誓ったという. この逸話は「自分にとって理解できない無意味なことを強制されることに人の心理は耐えられないこと」を物語っており, OJT 指導にも同じことがいえる. そのため, 指導開始前に OJT 受講者が作業の重要性や意義を十分理解できるよう指導者は注力する必要がある. 例えば, 顧客の声を伝えたり, 災害および作業不良によるコストの上昇や納期への悪影響などの事例を OJT 受講者に伝えることで, 技能習得の重要性や意義を理解させることが望まれる.

5)　番号 1-e：OJT は一種の「遠足」のようなものである. 遠足では「目的地は展望台なのか海辺なのか」「距離はどのくらいか」「何時間で到着すべきか」といった目標があって, それらはあらかじめ参加者に伝えられる. このような目標は当然, OJT でも受講者に伝えることが重要になる. OJT における目標については, **5.4 節**(2)で解説する「成功基準」を参考にしてほしい.

② 提示

1)　番号 2-a：お手本となる作業の見やすさに配慮する. 同時に, OJT 受講者が指導者の作業を見ることに夢中になり怪我をすることのないよう, あらかじめ安全面で問題のない位置につかせる必要がある.

2)　番号 2-b：OJT 受講者は, 指導者から手順を聞いて, 提示された

【コラム③：作業手順書は誰が作成しますか？】

　作業手順書は，管理者や主任クラスの方が作成することが多いようである．その整備には大変な労力を要する一方で，手順書が使われていないという職場も多い．

　この問題に対して，生産機械のメンテナンスサービスを展開しているある中小企業が設けたルールはユニークなものだった．それは，OJT で指導を受けた側の社員が手順書の原案を作成したうえで，OJT 指導者と管理者の決済を受けるという方式である．

　例えば，「元となる手順書はあったが，内容が古く，不備な点も多いことから抜本的な改訂が懸案事項になっていた」問題は，このルールを採用することでほぼ解決したという．

　このような取組みの結果，時間単価の高いベテランは手順書作成から解放され，自身の経験やノウハウを口頭で若手に伝えることに徹すればよくなった．その一方で，若手も手順書を仕上げる過程で習得内容を深めることができるようになり，さらに作成した手順書が社内で認められる過程を通じて，仕事への誇りを自覚するようになったという．

　まさに，一石二鳥の取組みといえるのではないだろうか．

　　作業を見ることで作業方法を把握する．これに加えて，板書を記録させたり，配布された手順書を読み込ませるなどすれば，万一 OJT 受講者が手順を忘れた場合でも，少しのきっかけを与えれば思い出すことが容易となる．

3)　番号 2-c：OJT 受講者にとって，OJT 対象は基本的に未経験の作業になるため，「どこに注目したらよいのか」さえわからないことがある．したがって，指導者はあらかじめ見せたいところをはっきり伝えて，受講者を集中させることが重要になる．

4)　番号 2-d：多くの作業では，その急所を理解したうえで動作を体得できれば，作業自体の出来栄えや安全性が保障される．指導者は受講者の反応に応じて，根気よく急所について説明していくことが重要と

なる．なお，作業の急所については**5.5節**(2)(e)で解説する．

5)　番号2-e：一連の作業であっても，提示内容や工程が多過ぎると OJT受講者は覚えきれないため，(内容が多い場合は特に)あらかじめ分割した作業を提示できるように検討すべきである．

③　適用

1)　番号3-a：OJT受講者に作業させる前に，「装置や作業工程に応じた適切な位置についているどうか」を確認すべきである．

2)　番号3-b：OJT受講者に作業を実践させる際，指導者が安全面に配慮することは当然として，「受講者は手順どおりの取組みを遵守しているかどうか」を注意深く見守る必要がある．

3)　番号3-c：OJT指導者は，OJT受講者の作業を確実に観察したうえで，必要な助言を与え，また質問があれば適切に対応する必要がある．

④　評価

1)　番号4-a：第3段階の「適用」中，又は「適用」終了直後に行う評価である．ここでは「OJTで提示した手順をOJT受講者が理解しているかどうか」を評価し，結果によっては，補足指導が必要になる．なお，場合によって補足指導が必要となるのは，以下でも同様である．

2)　番号4-b：第3段階の「適用」中，又は「適用」終了直後に行う評価である．ここでは作業の観察を通じて，「作業が安全であるか」「正しい手順を踏んでいるか」「作業に無駄な動きがないか」「目標時間内にできるか」などを評価する．

3)　番号4-c：OJT受講者の製作物の寸法や外観のキズなどを測定・観察することで，「許容範囲内に収まっているかどうか」を判定し，合否を判断する．ここで不合格の場合，OJTの追加実施が必要であり，指導者は次回に向けた注意点などを伝える必要がある．

4)　番号4-d：作業の急所をOJT受講者に言語化させることで，指導者は「作業が偶然成功したのか」「再現性を有する作業ができているのか」を確認する．

5)　番号4-e：OJT実施の後に行う評価で，フォローアップともよばれ

る．指導者が現場での作業を観察することで，「1 人で実施できるかどうか」を評価する．

6) 番号 4-f：OJT 実施の後に行う評価で，フォローアップともよばれる．このとき，もし指導者から「何か質問はありますか」と尋ねても，受講者から「大丈夫です」といった回答が戻ってくる場合には，安全上の重要事項や作業の急所などに関する具体的な質問を投げかけるとよい．

（4） 習得目標と評価の関係

どのような活動でも目標が決まっていないものは遊びに等しい．OJT は，通常業務をこなすと同時に，技能伝承に関わる教育訓練活動でもある．したがって，OJT の指導者は「教育訓練というミッション(任務)が完了したか否かを確認する」という重要な役割を担っている．

米国で開発された監督者訓練(Training Within Industry for supervisor：TWI)の教本 [13] では，「相手が覚えていないのは，自分が教えなかったのだ」というフレーズが頻繁に用いられている．これが指摘しているのは，「"教えたつもり" では OJT が完了したとはいえない」ということである．つまり，OJT の完了とは「OJT 受講者(後継者)が確実に覚えている(あるいは，できる)ことを確認した時点」なのである．

したがって，OJT の指導者が受講者を評価することは，受講者を教えることと同じくらい重要である．このとき OJT は「指導後に OJT の受講者が習得目標に到達したかどうかを測定あるいは確認すること」で評価されるので，事前に設定される「習得目標」が重要な役割をもつ．つまり，習得目標と評価は表裏一体の関係なのである．また，事前に習得目標を設定する際には，評価方法を同時に想定しておくことも重要である．

図 5.20 のように習得目標は具体的もしくは定量的であればあるほど明確な評価ができるようになる．

技能には感覚的な部分が含まれることが多いので，すべての習得目標を客観的な表現にすることは難しいものの，可能な限り客観的な表現あるいは測定可能な表現となるよう工夫することが重要である．なお，習得目標の書き方に関

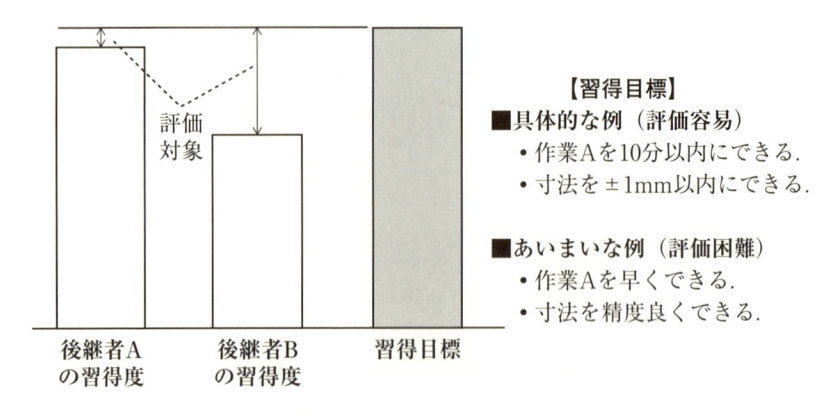

図 5.20　習得目標と評価の関係

しては 5.5 節(2)(c)における作業手順書の「成功基準」を参照してほしい.

5.5　作業手順書に望まれること

(1)　OJT における作業手順書の役割

「作業手順書」は,作業の安全を確保したり,作業の品質を保証する場面などで重要な役割を担っており,あらゆる産業で用いられている.労働政策・研究機構(現労働政策研究・研修機構)が製造業を対象に行った調査(内容は本章の脚注 1)と同様)では,「作業手順書を整備している」と回答したのは 76%に上っており,多くの事業所が作業手順書を重視していることがわかる.

OJT が「目には見えない学校」だとすれば,5.3 節で解説した技能・技術伝承計画書は「時間割」であり,5.4 節で解説した指導の 4 活動を踏まえて指導に当たる先輩社員は「先生」である.そして,作業手順書には「教科書」としての役割が期待される.作業手順書が OJT の教科書として機能すれば,「指導者によって作業方法が異なる」「指導を受けた後継者が年月の経過に伴い習得内容を忘れてしまう」といったことを避けられる.

作業手順書が「製造現場の英知の結晶」であることが認知され,その定期的な見直しが図られるようになると,人材育成にとどまらず生産性および品質の向上,災害の撲滅などさまざまな好影響が期待される.

(2)　OJT を想定した作業手順書に望まれる項目

　既存の作業手順書(あるいは作業標準，作業マニュアル)には，使用設備，材料，手順，標準時間，写真やイラストなどが記載されており，OJT に十分利用可能と考えられるものの，不足している事項もある．

　そこで，OJT 指導を想定した場合に欠かせないと考えられる項目，つまり一般の作業手順書に付加することが望まれる項目を**表 5.6** に示した．

表 5.6　OJT を想定した作業手順書に望まれる付加項目

記載欄	項目	一般的なの作業手順書の項目	付加されることが望まれる項目
表題欄	使用設備，器具など	○	
	材料など	○	
	標準時間	○	
	危険源		○
	災害事例		○
	成功基準(習得目標)		○
	指導項目		○
手順欄	作業手順	○	
	図，写真	○	
	作業の急所(ポイント)	○	
	急所(ポイント)の理由		○

　さらに，これらの付加項目を反映した作業手順書の表題欄と手順欄の例について**図 5.21**，**図 5.22** に示すのでぜひ参考にしてほしい．

　以下，**表 5.6** の「付加されることが望まれる項目」について解説する．

(a)　危険源

　危険源と人間が接触すれば災害が起きる．危険源はリスクアセスメントでの危険性や有害性の原因となるため，安全作業を考えるときの基本となる．危険源を正しく理解すれば保護具も適切に使用できるようになるので，安全作業の形骸化を防ぐためにも確実に伝承されるべきである．

作業手順書

[作業]　カッターナイフによる鉛筆削り

[材料]　鉛筆

[危険源]　カッターナイフの刃
　　　　　飛び散った削り屑
　　　　　尖った鉛筆の芯

[設備]　カッターナイフ、物差し、削り屑受け

[災害事例]
刃を折った際に飛散した刃による怪我
放置された削り屑によるスリップ転倒
尖った芯の振り回しによる、他者の失明事故

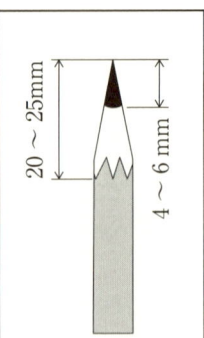

20〜25mm　4〜6mm

[成功基準]

【安全】・終了時に作業台周辺や床に削り屑が飛散していないこと。
　　　　・尖った鉛筆の芯やカッターナイフでケガをしない、させないこと。

【成否】・右図のように軸と芯を指定された寸法に削り出せる。
　　　　・芯を滑らかな円錐状に削り出せる。

【　易　】・新品の鉛筆を6分以内で削り出せる。
　　　　　・鉛筆の芯を折らずに作業できる。

[指導項目]

(1)　安全上・品質上の重要事項
　　・危険源と災害事例。削った鉛筆の評価基準と評価方法。

(2)　関連知識
　　・カッター刃の損傷程度と切れ味の関係。切れ刃の折り方と廃棄ルール。鉛筆規格の知識。

(3)　正しい手順と作業方法：手順欄に従うこと。

(4)　難しく特別な訓練が必要な箇所
　　・鉛筆の持ち方とカッターの動かし方：素振りが必要（未経験者は必須）。
　　・荒削り：残材などで切り屑を出す訓練が必要（未経験者は必須）。

図5.21　OJTを想定した作業手順書（表題欄）の例

ステップ	作業内容と急所	急所の理由（安全・成否・やり易い）	安	成	易
1. 木部の荒削り	• 道具を準備し<u>刃先を点検</u>する.	• 錆や欠けで切れ味が落ちるから.		○	○
	• 鉛筆を<u>左手小指側から4本の指</u>で持つ（右利きの場合）.	• 鉛筆を<u>安定保持</u>できるから.	○		○
	• <u>左手親指をカッターの背に当</u>て構える.	• 左手でカッターを押すように構えると細かい<u>力加減</u>ができるから.	○		○
	• カッターの<u>角度を右手で調整</u>する.	• 屑の厚さが<u>この角度</u>で決まるから. 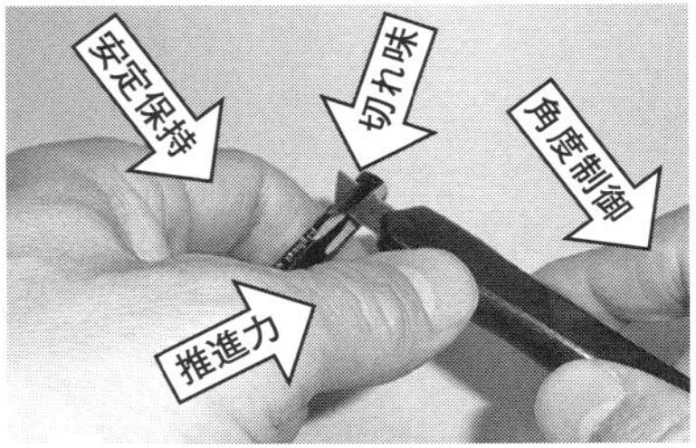			○
	• 屑受けの内壁に向って構える.	• 屑が飛散しにくいから.	○		
	• 各稜線の端から<u>20mm の所</u>に切込み位置の目印を入れる.	• 指示寸法の下限側で削り始めるので寸法オーバーを防げるから.		○	○
	• 荒削りの1周目は浅めに削り全長をそろえる.	• 仕上がり 20mm 以上の目安となり切れ味も確認できるから.		○	○
2. 木部の仕上げ 3. 芯の荒削り 4. 芯の仕上げ	（以下省略）	（以下省略）			

図 5.22　OJT を想定した作業手順書（手順欄）の例

（b）　災害事例

　災害事例とは，過去に自社や同業他社などで起きた災害なので，災害事例を知れば知るほど，その対策の重要性を認識できる．そのため，危険源とともに必ず伝承されるべき事項である．

（c）　成功基準

　成功基準は，加工物の良否の判断基準であると同時に，OJTにおける習得目標ともなる．これが明確であればあるほど「OJTが成功（完了）したか否か」の判断もより明確にできる．

　成功基準は，下記「(e)急所」の3項目に準拠する「安全」「成否」「易（やりやすい）」という3つの項目から成るが，これらを記述する際には「対象」「行動」「行動の基準」の3つ，少なくとも「対象」「行動」は必ず記述する必要がある．

　図5.21の例を前提すると，「対象」「行動」「行動の基準」については以下のようになる．

　　①　「**カッターナイフで怪我をしない**」場合

　　　　対象：カッターナイフ，行動：怪我をしない

　　②　「**軸と芯を指定寸法に削り出せる**」場合

　　　　対象：軸と芯，行動：削り出す，行動の基準：指定寸法に

　　③　「**新品の鉛筆を5分以内で削り出せる**」場合

　　　　対象：新品の鉛筆，行動：削り出す，行動の基準：5分以内

（d）　指導項目

　指導項目とは，OJTにおいて確実に指導されるべき項目である．その方法は指導者や受講者により異なり得るが，指導項目は指導者が誰であろうと遵守されるべきである．このとき推奨される指導順序は①安全上や品質上の重要事項，②関連知識，③正しい手順と作業方法，④難しく特別な訓練を要する箇所，という順になる．

(e) 急所の理由

「作業の急所」というのは，作業研究の一つの方法として職業訓練指導員が行っている「作業分解[14]」で用いられている用語である．「作業の急所」は具体的には，作業の「安全」や作業の「成否」（成功／不成功），作業の「やり易さ」を左右する重要な事項や熟練を要する事項などになる．

作業分解において「作業の急所」は「安全」「成否」「やり易い」のいずれかに分類できると考えられており，通常，作業のステップや作業方法を記述しながらこれらの観点で急所を書き出し，あわせて急所の理由も記入していく．**図5.22**（鉛筆の荒削り）でいえば，「鉛筆の持ち方」「カッターの押し方」「切り込み角度の調整」などが急所として示されている．そのため，鉛筆削りの経験がない学生であっても，これらの急所を踏まえたうえで，構え方，素振りなどの基本練習を行い，削る練習をすると 30 分もしないうちに指定の形状に近いものを削り出せるようになる．

OJT では指導者も受講者も「作業の急所」の理由を考えて，研究して，納得していくことが重要である．先輩から教わった急所を盲目的に遵守するだけでは，環境や条件の変化に対応できず応用が効かない技能となってしまうからである．

図 5.22 の右端の欄では，「作業の急所」について「安全・成否・やり易い」いずれか該当する箇所を○印で示すようにしている．これは，手順書作成の際，「作業の急所」の発見を促したり，OJT 指導の際にその理由を説明しやすくなるするために設けている．ただし，すでに**図 5.22** と同等以上の充実した作業手順書を整備している事業所の場合，OJT 指導に必要な付加項目のみ**図 5.21**のような形で整備すればよい．

(3) 急所発見力の向上技法[8]

「作業の急所」は作業全体の結果を左右する鍵となるものなので，熟練者の

---

8) 急所発見力の向上技法は，森らが考案した作業者（熟練者）の作業映像とインタビューを活用する技能分析手法 [15] を発展させた能力開発技法の一つとして筆者が提案しているものである．森らの手法は技能の分析を主目的としている．これに対し急所発見力の向上技法は，作業者自身の技能分析力向上を主目的としたもので，職業訓練指導員が製造業の OJT 指導者養成の支援を行う際の研修技法として展開している．

作業は急所を押えているものと考えられる．しかし，熟練者が急所を言語化できるとは限らない．むしろ熟練者ほど，急所を無自覚に体得した結果，多くの急所が暗黙知となっている可能性が懸念される．暗黙知となった急所が多ければ多いほど，急所自体を言語化(記述)することはおろか急所を見い出すことすら困難となって，作業手順書を整備する際の阻害要因になってしまう．

　上記のような事態に陥った場合の対応策として，急所の発見力を高める技法について解説する．本書では，急所を見い出す力や説明する力を「急所発見力」とよび，その向上技法の概要を図5.23に示す．

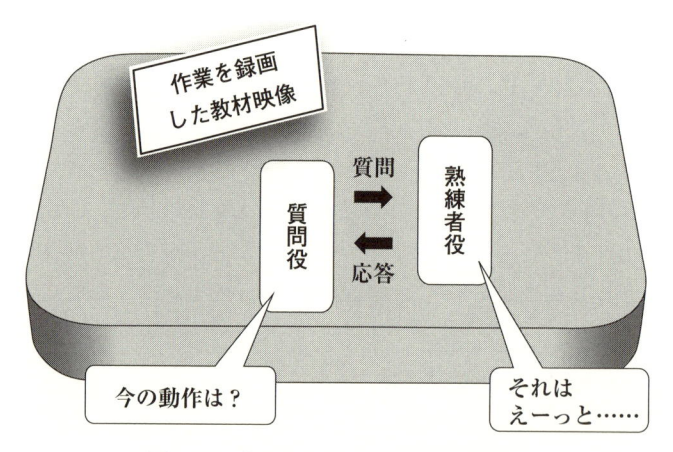

図5.23　急所発見力の向上技法(概要)

　急所発見力の向上技法は二人一組で作業ビデオを視聴しながら質疑応答を繰り返すというペア学習の形態をとる．

　本技法の実施風景とその手順については図5.24のとおりである．

　以下，図5.24の「実施手順」のそれぞれについて詳細を以下に解説する．

(a)　映像準備

　実作業中に質疑応答することは安全上好ましくない．作業中の動画を撮影しPC画面やプロジェクタなどで再生することで，安全に作業を観察でき，より集中したい場面の再生(停止，巻き戻し再生など)を自由自在に行って作業の分

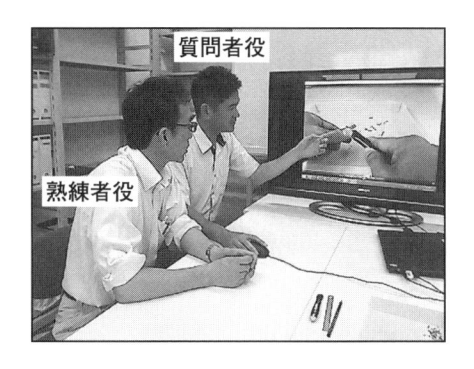

【実施手順】
(a)　**映像準備**：教材映像が再生できるように準備する
　・PC 画面またはプロジェクタなどで再生する.
(b)　**映像の通し再生**：対象作業の概要を把握する.
(c)　**二人一組での質疑応答**：質問者役と熟練者役に分かれる.
　・交代しながら実施(3 質問程度ごとに交代)する.
(d)　**質問者役の役割**：「作業内容」や「急所とその理由」を引き出す.
　・質問者役は，作業動作が変わる度に再生・停止し質問する.
　・プロジェクタ 1 台で多人数視聴する時には指導員が再生・停止する.
(e)　**熟練者役の役割**：経験やノウハウ，無意識に判断していることを推理し説明する.
　・理由が明確でない事項については，熟練者役自身の考え方を説明する.
　・自分の考え方もない(答えに窮した)場合には「先輩がやっていたから」「やりやすかっ
　　たから」でもよい.

図 5.24　急所発見力の向上技法の実施風景と手順

析をしつつ，質疑応答に集中できる.

　教材動画とするモデル作業は「作業時間が短い」「自社内の多くの人にとっ
てなじみがある」「安全上の急所や作業の成功・不成功の鍵となる急所をいく
つか含んでいる」といった条件を満たす作業がよい. 例えば，筆者らが実際に
用意した教材動画にはタイヤ交換, 鉛筆削り, カッターナイフの刃折り, くぎ
打ちなどの作業がある.

　なお，撮影の際には，作業者と作業装置などの全景が入るようにする. また,
手元作業などの指先の細かい動作が含まれる場合には，その部分をズームして
撮影するように注意する.

(b)　映像の通し再生

参加者全員で教材映像を通しで視聴し，対象作業の概要を把握する．

(c)　二人一組での質疑応答

質問者役と熟練者役の二役に分かれる（**図 5.24**）．質問者役は作業動作が変わる度に再生を停止して質問するので，再生装置は二人に一台を割り当てるのが望ましい．3 から 5 質問程度ごとに役割を交代するとよい．

(d)　質問者役の役割

質問者役は，作業動作に変化が見られるたびに映像再生を止めて「作業」について尋ねる．急所発見力の向上技法における質問者の問い掛けについては，以下のように 2 段階の流れで考えるとよい．

第 1 段階では内容の把握に徹し，急所の質問は第 2 段階で行う．

① 第 1 段階：作業内容を把握するための質問（主に作業内容欄に反映する）

  1) 対象：「今映っているものは何か」「何をしているのか」

  2) 目的：「何のためか」

② 第 2 段階：作業の急所に関係する質問（急所とその理由欄に相当する）創意工夫した質問が望まれるが，ここでは森[16] が推奨する 4 つの側面からの質問を紹介する．

  1) 行動：「どう動いたか」「どこを持ったか」「なぜそうしたか」「力加減はどの程度か」など

  2) 視覚・聴覚：「どこを見ているか」「どこを見ようとしたか」「どう見たのか」「何を聞いたのか」など

  3) 判断：「何を考えたのか」「何を判断したのか」「何が判断の手掛かりか」など

  4) コミュニケーション（複数人作業）：「何を話したのか」「何を尋ねたのか」「何を判断したのか」など

「2 段階の問い」では，どの段階でも質問者役の問いが起点となるため，数多く質問することが重要となる．そのため，筆者らが人材育成に関する研修で

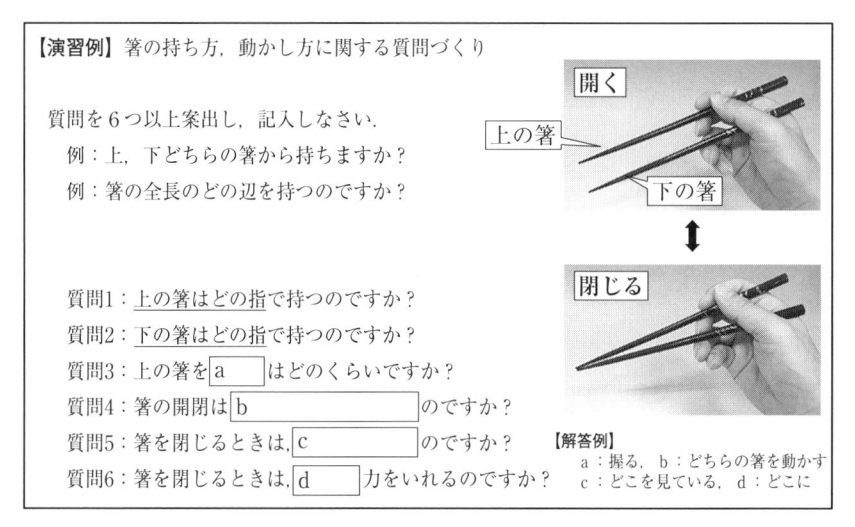

図 5.25 「作業の急所に関する質問」(第 2 段階)についての演習(例)

この技法を実施する場合，それに先立ち**図 5.25** のような演習を行っている．なお，**図 5.25** の右下には演習時にはない解答例を追加している．

　筆者らはこの演習で「質問はより多くすることが重要である」と強調している．そのせいか，似たような例題で演習を何度か繰り返してみるとやがて受講者同士でも白熱した質問が飛び交うようになる．

(e)　熟練者役の役割

　質問役の問いに対して，熟練者役は経験や推理力，知恵などを総動員して回答する．もし理由が浮かばなかったり，回答に窮したときには「自分はこう考えている」「先輩がやっていた」「やりやすかったから」といったものでもよい．このような回答でも今後の研究課題を誘発するきっかけとなれば十分意義がある．

　筆者らが，学生や指導員に対する授業のなかで急所発見力の向上技法の効果を調査してみたところ，「教材動画の分析を数回繰り返すことで作業動作や作業者の判断事項などへの関心が高まる傾向にある」という結果を得ている．また，「この技法の適用後に作業手順書を作成した場合，適用前に作成した作業

手順書に比べて急所の数や急所の妥当性が向上する」という傾向が認められた.

　以上のような教材動画を通じて急所の発見に習熟した後には，社内で技能伝承の対象となっている作業映像の分析に本格的に取り組む．このとき，上記のような質疑応答の様子を録画することで，マニュアル化がより容易になる.

　最後に，「急所」を踏まえた技能指導を行えば，OJT受講者は確実に技能を習得できるため，彼らによる作業の再現性（成功率）は向上し，また応用もより効くようになることが期待される．加えて，OJT指導者が急所の分析を踏まえてOJT指導を行うことで，それらの経験が教えることを通じた学びへと結びつき，指導者自身の技能がより一層深まっていくことが期待される.

　このようにOJTのやり方を工夫することで，受講者および指導者の両方の技能に相乗効果がもたらされるため，自社の製品やサービスの競争力が高まることが期待される.

第5章の参考文献

[1]　中原淳編著，荒木淳子，北村士朗，長岡健，橋本論著(2006)：『企業内人材育成入門』，ダイヤモンド社.

[2]　鈴木克明(2015)：『研修設計マニュアル』，北大路書房.

[3]　森和夫(1998)：『職場でできる技術・技能の伝承と創造』，中小企業労働福祉協会.

[4]　森和夫(2005)：『技能・技術伝承ハンドブック』，JIPMソリューション.

[5]　「職業能力開発促進法」第3条（定義）

[6]　厚生労働省職業能力開発局編(2002)：『新訂版職業能力開発促進法』，p.112，労務行政研究所.

[7]　厚生労働省「ジョブ・カード制度」(https://www.mhlw.go.jp/stf/seisakunitsuite/bunya/koyou_roudou/jinzaikaihatsu/jobcard_system.html)

[8]　厚生労働省職業能力開発局編(2002)：『新訂版職業能力開発促進法』，p.164，労務行政研究所.

[9]　日本産業訓練協会：「TWI企業内訓練トレーナ養成コース」，「TWI（監督者訓練プログラム）のご紹介」(https://www.sankun.jp/)

[10]　森和夫(1990)：「生産技術教育の方法理論(2)―授業の分析によるアクティビティの抽出―」，『職業訓練研究』，第8巻，pp.107-137.

[11]　森和夫(2005)：『技能・技術伝承ハンドブック』，JIPM ソリューション.

[12]　職業訓練教材研究会(2012)：『十訂版　職業訓練における指導の理論と実際』，pp.90-93，職業訓練教材研究会.

[13]　雇用問題研究会：「仕事の教え方　指導員手引き」，『TWI 訓練資料』，p.11.

[14]　職業訓練教材研究会(2013)：『十訂版　職業訓練における指導の理論と実際』，p.111，職業訓練教材研究会.

[15]　森和夫(2007)：『3 時間でつくる技能伝承マニュアル』，JIPM ソリューション.

[16]　森和夫(2007)：『3 時間でつくる技能伝承マニュアル』，p30，JIPM ソリューション.

第 6 章
効果的な訓練指導方法

6.1 効果的な訓練に必要な視点

(1) 現場で必要な知識

第5章で解説したとおり，訓練を計画するためには，現場で実施される業務を特定し，その業務で用いる知識や技能の作業手順を明確にすることが重要である．このとき，対象の業務が明確になればなるほど，また，対象の業務で用いる知識や技能の作業手順が詳細化できればできるほど，訓練を効率化することができる．

訓練は座学(Off-JT)のみではなく OJT と組み合わせて実施することが重要である．また，現場でなされる OJT では訓練の想定と異なる業務がことのほか多く，訓練で習った手順が効果を発揮するまで一苦労である．

このような事情を踏まえて，本章では「訓練を受ける側への合理的な配慮」という観点から，訓練についての知見を解説する．また訓練を受ける対象としては中堅社員(未熟練者)を想定している．

本章までに解説したとおり，現場で必要となる知識には，明示化されている知識(形式知)と明示化されていない知識(暗黙知)があり，未熟練者はまずマニュアル型知識(形式知)を身につけたうえで，現場の OJT にて遭遇する業務で暗黙知が必要とされる．

金綱(2010)は製造業で用いる知識を図 6.1 のように5種類に分類 [1] しているが，暗黙知との関係性に応じて，まず日常業務とカイゼン業務に大別される．また，これらもそれぞれ2つに分類することができる．

図 6.1 で挙げた5種類それぞれの内容については表 6.1 のとおりである．

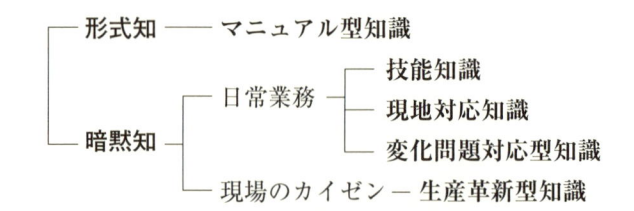

出典）　金綱基志(2010)：「知識移転と地域企業の知識創出能力の向上」，『長崎県立大学経
済学部論集』，43(4)，図 1　製造現場における形式知と暗黙知，p.215.

図 6.1　製造業における形式知と暗黙知の分類[1]

表 6.1　5 類型の知識分類それぞれの概要

知識分類	概要
マニュアル型知識	製造プロセスには，通常，標準作業が存在する．標準作業とは，作業を行うための標準的な手順，方法，時間（速度）を定めたものである．この標準作業にもとづいて各作業者が生産を行うことで，誰が作業しても同じ時間で同様の品質の製品を計画どおりに生産することが可能となっている．製品の QCD を確保するために，この標準作業は不可欠である．
技能型知識	生産プロセスのなかには，上記のような標準化がそもそも困難な部分がある．例えば，プレス用金型の生産プロセスにおける仕上げ技術がその一例である．金型は，設計どおりにつくったとしても，試作を行う段階で，設計段階では予期できない割れやひずみが製品に生ずることがある．この割れやひずみをなくすために必要となるのが金型の仕上げ技術であるが，この仕上げを行うためには，10 年を超える長期の経験が必要となる．
現地対応型知識	標準作業は，生産が行われる地域の環境や条件に応じて変更することが必要となる．例えば，原料を化学的に反応させることにより製品を生産するケースでは，生産される地域の温度や湿度などの条件の相違によって，標準作業を変更することが必要となる．
変化・問題対応型知識	標準作業どおりに作業する場合でも，あるいはそれを変更したものにもとづいて作業を行う場合でも，生産プロセスでは何らかの不具合や不良品が発生するケースがある．その際には，問題の原因を追究・解析し，再発防止を図る必要がある．また，増産や合理化を行うケースなどでは，そうした生産条件の変化に対応することも必要となる．
生産革新型知識	生産革新型知識とは，生産プロセスのなかのムダを発見するための知識，発見したムダを取り除くために，生産プロセスを変更するために必要となる知識，いわゆるカイゼンのための知識である．製造現場のムダは多種多様の形で存在している．そのムダを取り除き，生産性を高めるために必要となる知識が，生産革新型知識である．

出典）　金綱基志(2010)：「知識移転と地域企業の知識創出能力の向上」，『長崎県立大学経
済学部論集』，43(4)，pp.209-230 をもとに筆者作成.

(2) 未熟練者の熟達

OJT を通して業務に取り組むとき，「マニュアル型知識で対応できるか否か」といった区分などあらかじめされていない．「既に習得した知識・技能を適用することの是非」「それらを適用する際のタイミング」「また別の知識・技能を適用すべきか否か」といった判断が頻繁に要求される．無論，こうした判断が要求される場面に直面するのは未熟練者か習熟者かを問わない．例えば，企業における社員の技能レベルの研究[2]では成長の5段階モデル（**図6.2**）が提示されているが，このように自らの業務に対する習熟度合をはっきりと自己認識している者は少ないのではないだろうか．

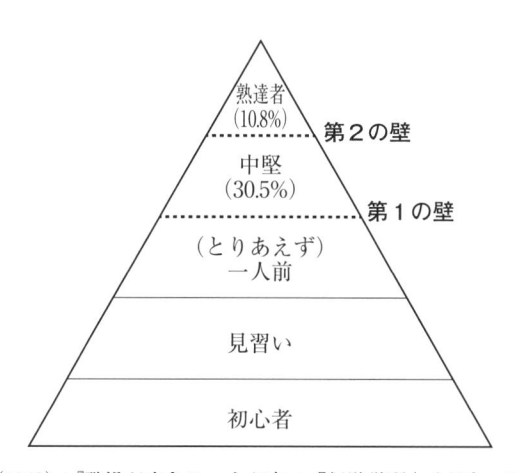

出典） 松尾睦(2013)：『職場が生きる 人が育つ「経験学習」入門』，ダイヤモンド社．

図6.2 成長の5段階モデル

図6.2 の5段階についてそれぞれ解説すると**表6.2** のようになるが，企業における社員の技能レベルの研究[2]では，第4段階の中堅レベルの社員の割合は3割程度，第5段階の達人レベルは1割程度とされている．

筆者の経験によれば，「「とりあえず一人前」（3段階目）のレベルから「中堅」（4段階目）のレベルへと移行するときに第1の壁が，「中堅」から「熟達者」（5段階目）に移行するときに第2の壁がある」と指摘する企業は多い．そのため，効果的に訓練指導を行うために「訓練の受け手となる未熟練者がどのレベルな

表6.2　企業における社員の技能レベル

段階	概　要
第1段階 初心者	経験をほとんどもたない段階．状況に左右されないルールが与えられれば仕事を遂行できる．学びたい意欲はそれほどない．ここでは，状況に左右されない画一的なルールが必要である．
第2段階 見習い	独力で仕事に当たれるが問題処理に手こずる段階．ほんの少しだけ決まったルールから離れられる．情報を手早く入手したがるが，理論・原則化するところまでは望まない．ここでは，状況に左右されない画一的なルールが必要である．
第3段階 とりあえ ず一人前	問題を探し出し解決する．ただし，細部のどの部分に焦点を合わせるべきかの決定にはさらなる経験が必要である．チームの指導者的役割，初心者への助言，達人のサポートができる．ここでは，技能に関する全体像やコンセプトを把握することが必要である．
第4段階 中堅	十分な経験と判断力を備える．自己改善，他人の経験から学ぶ，格言を理解しうまく適用する能力を備える．通常予測される経過の知識との対比において，異常の発生を見つけることができる．ここでは，技能に関する全体像やコンセプトを把握することが必要である．
第5段階 熟練者	膨大な経験をもち，それらを上手に引き出しぴったりの状況で応用できる．分析的な診断を待たずに，「何か問題がある」もしくは「問題がない」と直観的に即座に判断できる．

出典）　Andy Hunt（2009）：『リファクタリング・ウェットウェア』（武舎広幸，武舎るみ訳），オライリー・ジャパン．

のか」を十分に考慮する必要がある．

　本章では，**図 6.2** の第1段階から第3段階まで，つまり「初心者」「見習い」「とりあえず一人前」を未熟練者として扱う．

6.2　未熟練者の熟達を阻む壁

　想定外の変化や問題が起きた場合にも対応できる技能を育成するためには，OJT や Off-JT を通して，広く深い経験を長期的に積むことが不可欠である．しかし，OJT に際して「何のためにやっているのかわからない」「自分には合わないようだ」などといって，途中で投げ出してしまう未熟練者が後を絶たない．

　若年層のメンタリティの変化が指摘される一方で，インターネットが普及しさまざまな情報が氾濫するなかで，「先輩の仕事を見よう見まねで業務をこな

しさえすれば自分もいつか必ず熟達できるはずだ」という論理的根拠に乏しい希望を盲信することが困難な時代となっているのもまた事実である．

　以下，未熟練者の熟達を阻む壁を検討するために，「技能が伝承された状態」を示し，「熟練者の知識特性」を見ながら，「技能伝承者と未熟練者の関係」について検討する．

(1)　技能が伝承された状態とは

　技能が伝承された状態とは，「移転された知識がそのまま使用されているわけではなく，受け手の文脈に応じて再生産（つまり，修正）されて用いられる状態」を指す．

　自転車に乗る場合にたとえてみよう．自転車の乗り方を覚えるとき，舗装された真っ直ぐで平らな道で練習するが，徐々に曲がり道，砂利道，坂道などに挑戦していく．このように最初に練習する段階と，それを乗り越えた以降の段階では利用する知識が異なる．

　ここで，舗装された平らな道で使う知識を「利用ノウハウ」とよぶ．これは，既に組織の特定の部門で利用されているような，マニュアル化がある程度進められている知識を指す．いわば町を歩くときに与えられる地図のようなものである．

　しかし，砂利道などに挑戦したときには「これはどのような道か」を認識できるような「発見的知識」，つまり，「「利用ノウハウ」が創造されるプロセスに関する知識」が必要になる．これはいわば地図をはじめからつくるようなものなので，実践にはより多くの困難が伴うものの，業務によっては「発見的知識」を多用しないと実施できないものもあり，避けるわけにはいかないものである．

(2)　熟練者の知識特性

　技師による建物診断では，例えば診断書に書く項目や内容，診断するために建物を回る順番などがマニュアル化されているので，つまりこれらは「利用ノウハウ」といえる．しかし，多くのベテラン技師は，こうしたマニュアル化された知識とは別にコツを知っており，カンを働かせることができる．例えば，

「診断書の手垢のついた場所」「建物の臭い」などを判断材料にしていたりするが，これらはベテラン技師の「発見的知識」といえ，取捨選択の基準やその重みの程度は技師本人にしかわからない．本書ではこうした発見的知識に用いられる情報を「粘着性が高い情報」[1]とよぶ．

　暗黙知的な技能や，集団が保有している知識，また知識が使われる際の環境の特異性などを背景とした，定義することが難しい知識を多く含んでいる慣行は「知識の粘着性が高い状態」といえる．

　ここで，「知識の粘着性」の基準についてまとめると，以下のようになる．

① コード化可能性：知識を明文化することで標準化できる可能性

② 教育可能性：知識を他者に伝達(教育)することの容易度

③ 複雑性：他者が知識を習得する際に知識の性質や要素が曖昧になる程度

④ システム依存性：複数の工程や部門にまたがっていることが多い現場の業務において知識を実践する際に他の従業員や他部門に依存する程度

　昨今，マニュアル化されていない知識についての研究が進んだことで，「マニュアル化しやすい知識」と「マニュアル化しにくい知識」の差についての知見も深まり，「マニュアル化しにくい知識」にもその程度に応じてさまざまな種類があることがわかってきている．

　マニュアル化しにくい知識の特徴には以下のようなものがある[18]．

❶ 因果関係曖昧性

　　暗黙的な技能や，集団が保有している知識，また知識が使われる際の環境の特異性などに影響されるため，明確な定義ができない知識を多く

---

1) 「情報の粘着性」という概念は MIT のエリック・フォン・ヒッペル教授によって提唱された．ヒッペルは，「情報の粘着性」を「ある所与の場合の所与の単位の情報の粘着性とは逓増的な費用であり，当該情報の所与の受け手が，その単位の情報を使用可能な形で情報を特定の場所へ移転するのに必要とされる費用である」と定義している [4]．
　ここで少し補足すると，「受け手が利用可能な形での情報の移転」というのは，「受け手がある情報の存在を発見しており，その意味を理解したうえで，操作できるという状態」を指す．つまり，「そもそも必要となる情報がわからない」「必要となる情報がわかっても，それを引き出すことができない」「引き出すことができたが，情報のもつ意味を理解することができない」「情報のもつ意味がわかったが，その情報を操作することができない」といった状態ならば，「利用可能な形での情報の移転」がされているとはいえない．

含む「慣行」は，その移転が困難である．

❷　知識の未証明性

　過去に有効性が証明されていない知識の場合にはより一層，他者に修得を促すことが困難になる．

(3)　技能伝承者と未熟練者の関係

「現場で技能伝承者(熟練者)の技能を未熟練者が習得するプロセス」が阻害される原因は「知識の粘着性」以外にも存在する．

　一般的に，知識は観察や意見交換を通して移転される．この過程を送り手と受け手の関係で見た場合，「教える側と教えられる側という関係が成立した段階」「知識の受取りが終わり，実践を通じてノウハウへと移行する段階」「受け取った知識および身につけた技能を向上させていく段階」「既存の技能と統合させていく段階」という4つの段階に分類できる．

　このとき，もし送り手(技能伝承者)と受け手(未熟練者)との間で信頼関係が築かれなければ，次の段階に進めなくなる．信頼関係を傾ける要因のイメージは図6.3のとおりだが，どちらにも要因は存在するのである．

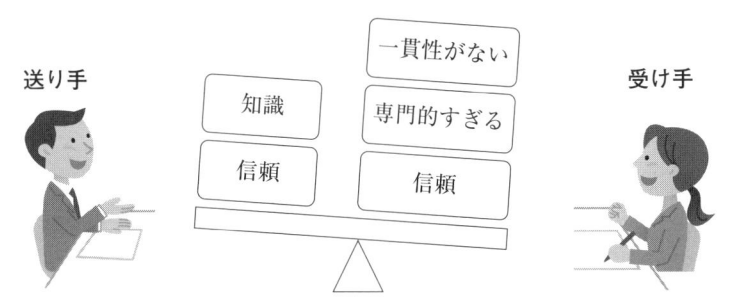

図6.3　送り手(技能伝承者)と受け手(未熟練者)の信頼関係を傾ける要因

　送り手が受け手に対する信頼を損なう要因は「知識」の伝達に関連するものであり，受け手が送り手に対する信頼を損なう要因としては「送り手が現場で当たり前に使う言葉が未熟練者の自分に理解できない」「受け手が対応すべき深さと広さを送り手が段階的に広げているのが，受け手には一貫性のない指示

に見える」といった「送り手が受け手を配慮しないこと」に起因するものである.

　訓練実施時,「指導者側から」, また「未熟練者側から」見て, 相手への信頼を損ねかねないと考えられる事項は以下のとおりである [2].

(a)　送り手(指導者)の壁

① 「自分が所有する知識によって期待できる優位性が得られないという不満」「せっかく苦労して未熟練者に知識を移転しても, 報われることがないという憤り」などからくるモチベーションの欠如

② 受け手が送り手を「頼りない」「信用できない」「知識があまりない」と認識してしまうくらいの認識や行動のギャップの存在

(b)　受け手(未熟練者)の壁

① NIH 症候群 [3] によるモチベーションの欠如

② 知識を評価し, 模倣し, 適応し商品化する能力(吸収能力)の欠如

③ あきらめず, 達成するために追求していく能力(維持能力)の欠如

　以上のような要因を避けてよりよい信頼関係を築くためには, 受け手と送り手双方が自身のモチベーション, 状況への対応力や忍耐力を勘案しながら, お互いに信頼関係を築けるよう努力することが必要となる.

6.3　送り手と受け手の関係から見た訓練プロセス

(1)　技能伝承プロセスとは

　規模の縮小と高齢化が進む今後の労働市場においては, 一人ひとりが大切な人財である. そのため, 諦めの早い未熟練者に新しい業務を担ってもらう必要があるが, これにはモチベーションの維持は当然として, それを向上させるための支援が重要になってくる.

---

2)　横澤公道(2018):「知識移転研究はどこまで来たか—文献調査から見えた今後の研究課題—」, 『赤門マネジメント・レビュー』, 17 巻 2 号, pp.25-46.

3)　NIH(Not Invented Here syndrome)症候群とは「ある組織が, 未知の良いアイデアや発明, 製品, サービスを知ったのに, "別の組織で先に考案されたものだから"という理由から自組織に採用したがらない態度」を指す用語である.

6.2節(1)で解説したとおり，技能が伝承された状態とは「移転された知識がそのまま使用されているわけではなく，受け手の文脈に応じて再生産(つまり，修正)されて用いられる状態」を指す．昨今の研究では，技能の伝承には「①移転する技能を決定する段階」「②移転を始める段階」「③移転のパフォーマンスが向上する段階」「④移転された技能をルーチン化する段階」という4つのステップ(図**6.4**)があって，各段階ごとに未熟練者が困難さを感じるポイントが異なってくることが明らかになっている[6]．

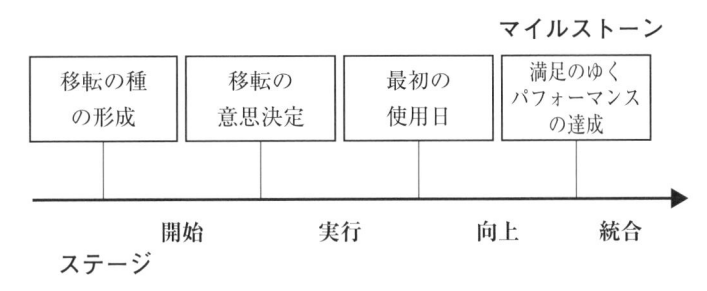

出典) Szulanski, G.(2000)："The process of knowledge transfer: A diachronic analysis of stickiness", *Organisational Behavior and Human Decision Processes,* 82(1), pp.9–27.

図6.4 技能伝承の4段階

技能伝承プロセスの概要については以下のとおりである[4]．

(a) 開始(導入)の段階

これはベストプラクティスの移転が決定されるまでの段階で，移転のニーズとそのニーズを満たす知識が組織内に一緒に存在すれば移転が開始される．

この段階では，ニーズやニーズを満たす知識を特定し，知識移転の実現可能性を評価したうえで，知識移転の結果について予測し検討して，移転の有無について意思決定を行う．

---

4) 若林隆久，大木清弘(2009)：「知識の移転：粘着性の測定」，『赤門マネジメント・レビュー』，8巻4号，pp.169-180.

(b)　実行の段階

　これは，上記(a)でベストプラクティスとされた移転が決定してから，受け手が移転された知識を使用し始めるまでの段階である．ここでは，プラクティスの送り手から受け手へとリソースが送られる．また，実行のステージでは，受け手と送り手のコミュニケーションのギャップを橋渡ししたり，プラクティスを受け手に合わせて適応したりする．

(c)　向上の段階

　向上の段階は，移転された知識が用いられた最初の日から，受け手が満足いくパフォーマンスを達成するようになるまでの段階である．当初は，受け手は新しい知識を非効率的にしか利用できないため，満足できるパフォーマンスを達成できるまで調整する．

(d)　統合の段階

　統合の段階は，受け手が満足いく結果を達成した後に移転された知識がルーチン化されるまでの段階である．移転された知識を利用することが次第にルーチン化され，プラクティスが制度化される．この段階では，受け手はルーチンを獲得し，保持するようになる．

　知識移転のプロセスと知識粘着性の関係を調査した研究によれば，各段階で移転を阻害する要因が異なる．**表6.3**は各段階の阻害する要因の順位を数値で表したもの(1が最も重要)である．

　開始段階では，最も重要な要因が「送り手の信頼性が感じ取れない」，その次が「(有効性が)証明されていない(伝承される)知識」，次いで「因果関係の曖昧さ」となっている．開始段階では「送り手」と「受け手」の信頼性構築が重要であることがよくわかる．

　また，開始段階だけでなく，実行段階，向上段階で重要となるのが「送り手のモチベーション」と「送り手の信頼性」である．「受け手の吸収力」は，実行ステージにおいて，「因果関係の曖昧さ」はすべてのステージにおいて重要である．

表 6.3　知識移転のプロセスと知識粘着性の関係 [6]

	開始	実行	向上	統合
因果関係の曖昧さ	3	2	3	4
証明されていない知識	2			
送り手のモチベーション欠如		3	5	
送り手の信頼性が感じ取れない	1	3	3	
受け手のモチベーション欠如			6	3
受け手の吸収力の欠如		1	1	1
受け手の収容力の欠如			2	
荒れた組織的文脈			4	2
厄介な関係		4		3

出典）　Szulanski,G.(2000) "The process of knowledge transfer: A diachronic analysis of stickiness", *Organisational Behavior and Human Decision Processes*, 82(1), pp.9–27.

(2)　知識のルーチン化と向上段階の支援

　移転された知識を活用することでパフォーマンス(成果)が上がった後，ルーチンが形成される「向上」段階に至り，しばらくして「統合」段階へと至る．このとき，未熟練者が移転された知識を公式に使用するには，知識のルーチン化が必要になるので，知識のルーチン化についても，送り手と受け手およびそのチャンネル，チャンネルを支える関係性，文脈を考える必要がある．

　図 6.5 のようにチャンネルを経由して移転された知識は，受け手のパフォーマンス(成果)に影響を及ぼすとともに，移転された知識が受け手のルーチンに統合されるプロセスには，送り手と受け手の関係性や文脈が影響を及ぼす．

　チャンネルは紐帯という言葉でも説明されている．知識の探索には弱い紐帯が有効である一方，複雑な知識の移転には強い紐帯が有効であることが知られている．また，知識移転を促すうえで，職場の環境が安定的な場合には組織内の橋渡し役(仲介役，ゲートキーパー)が少ないほうが望ましいが，環境が不安定な場合には仲介役が多いほうがよいとされている [9] [10]．

　つまり訓練指導者は，指導に当たる際に，自分達を取り巻く職場の環境や，「未熟練者が訓練のどのプロセスにいるのか」を把握したうえで支援を実行することが重要となる．情報の受け手の状況を踏まえた支援を実現するための手法はレジリエンス・エンジニアリングとよばれ，「いかにシステムの反応力を

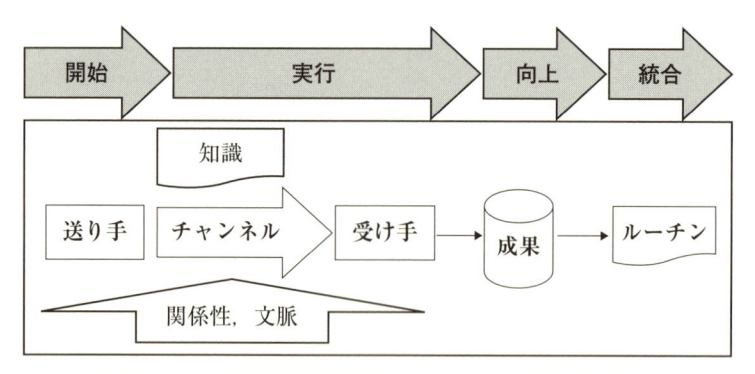

出典）　中西善信(2013)：「知識移転の構成概念とプロセス：知識の使用とルーチン形成の
相互作用」，『日本経営学会誌』，第 31 号，pp.27-38，図 1 にもとづき筆者が一部修正.

図 6.5　送り手と受け手のチャンネルを支える関係性

高めるか，モニタリング力を高めるか，学習能力を高めるか」が重要とな
る[11] [12]．ICT の活用は「行動センシング」や「マルチモーダル5)センシング」
とよばれ，近年では，車両運行時のドライバーに対する安全運転支援などに応
用され始めている．

【コラム④：受け手の状況を踏まえた ICT の支援】6)

　近年，ICT による支援システムでも，各種センサー類を通じて受け手
の状態を把握し，受け手の状態に即して最も適切な支援をリアルタイムに
提供する技術の開発が進んでいる．例えば，運転支援システムでは，誤発
進抑制装置(アクセルとブレーキの踏み間違いを検知)や車線逸脱防止支援
システム(ふらつき運転時の警告や適切な操舵支援)といった既に多くの車
両へ導入されているものに加えて，「車内のカメラやセンサーを通じて人
工知能(AI)がドライバーの運転への集中度や体調を把握することで，例

えば，ドライバーの集中力低下や脇見などに対して注意喚起をするなど，「体調急変時には車両を安全な場所へ自動で退避させる」といった技術が実用化に向けて開発されている．また一方では，走行車両前方の画像データから交通標識を識別し，標識に示された規制や警告などの内容を音声や画像でドライバーに知らせることで改めて注意を喚起したり，標識の見落としによる危険回避の遅れなどを防ぐことを狙いとした機能なども開発が進んでいる．

　いずれの技術も，車両の制動性能やボディの耐衝撃性能などの向上などから安全性の向上を目指すアプローチとは異なり，ドライバーに対し，より安全な運転をより容易にかつ確実に行うことが可能となるような支援を適時に行うことで，安全性を高めることを目指している．車両走行時の安全性は車両の性能だけで確保されるものではなく，「運転」という行為を介して，車両とドライバーが相互に作用し合う結果として実現されるものである．関係各社は，安全，安心の向上を目指して，「情報の「受け手」（ドライバー）をいかに効果的に支援するか」という命題に取り組んでいる．

　自動運転のレベルに応じて車両とドライバーが関わり合うレベルが変わろうとしている．ドライバーの母国語や学習経験に応じた交通標識の表示などセンシング技術の応用範囲は広そうである．

---

6)　具体的な事例は以下のとおりである．
- オムロン：オムロンジャパン「運転手の状態をリアルタイムに判定　世界初「最先端 AI を搭載した車載センサー」」を開発」(https://www.omron.co.jp/press/2016/06/c0606.html)
- ルネサスエレクトロニクス：emerging media Response「クルマがドライバーの感情を理解する　ルネサス，R-Car 用開発キットを発表」(https://response.jp/article/2017/07/19/297583.html)
- パナソニック：片山修「センサーが"心"を見える化」(https://blogos.com/article/251972/)
- トヨタ：ITmedia NEWS「ドライバーの感情，AI が読み取り「TOYOTA Concept－愛i」が東京モーターショーに」(http://www.itmedia.co.jp/news/articles/1710/16/news110.html)
- NTT ドコモ：ITmedia NEWS「ドライバーの声で感情を認識　雑音環境でも使える AI　ドコモらが開発」(http://www.itmedia.co.jp/news/articles/1805/08/news113.html)

6.4　訓練指導者の支援技法

　本節では「指導」と「支援」の違いから解説する.

　「指導」とは,「相手の今の能力を引き上げる, できないことをできるようにする」ことであり,「支援」とは,「相手の能力に応じて, 手を貸したり励ましたりし, できないことをフォローする」ことである. とはいえ,「相手がして欲しいということをすれば支援になるか」というと, 必ずしもそうではない. 人は本当にして欲しいことをストレートにいわないものだからである.

　例えば, 人に道を尋ねられたら, あなたはどのように答えるだろうか.「竹下通りはどちらですか」と尋ねられれば, 竹下通りの方向をそのまま答えるかもしれない. しかし, あなたが「目的地はどこですか？」と尋ね返せば, 相手の真の目的地が竹下通りとは逆の方向であることがわかるかもしれない. このように質問されたことに答えるのではなく,「本当に知りたいことは何か」を聞き出したうえで, それに答えることが「支援」である.

　6.3 節(2)で解説したように, 知識の移転を実現するためには, 受け手は移転された知識を自身のなかで再構築する必要がある. しかし, 知識の粘着性や受け手の吸収力不足で, なかなかすんなりとは受け入れられない. そこで有効となるのが以下の「コーチング」や「フィードバック」といった技法である.

　　①　コーチング技法

　　　　対話によって相手の自己実現や目標達成を図る. 相手の話をよく聴き（傾聴）, 感じたことを伝えて承認し, 質問することで, 自発的な行動を促すコミュニケーション技法である.

　　②　フィードバック技法

　　　　評価やアドバイスとは違い, 鏡のように事実を伝える. 相手が, 達成したい目標に対して,「どのような位置や方向にいるのか」「相手がどのような影響を周囲に与えているのか」を伝える.

　以上の①と②それぞれについて以下, 具体的に解説する.

(1)　コーチング技法

　コーチングとは「人がタスクを遂行するのを助けること」と定義されている.

子ども時代には部活やサークルでコーチに指導された経験がある人も多いだろう．コーチという言葉には，「乗客を目的地に運ぶ」という意味があるので，選手を乗客に見立てると，コーチは「選手が目指す目的地まで選手を連れていく存在」となる．つまり，主役は選手であり，「選手自身が状況に合わせて，自分で考え自分で行動することができるまで育てること」がコーチの役割となる[13]．

現役時代に優れた成績を収めた選手が，必ずしも優れたコーチになるとは限らない．コーチングは，質問をすることで部下の関心や回答を引き出す点に特徴がある．訓練指導者は自分の関心を押しつけて答えを出してしまいがちであるが，「コントロール」や「指示」によることなく，部下の関心を引き出すためには，自分の答えを「アドバイス」や「メンタリング」にとどめて掲示するとよい．

日本のコーチングはビジネス界を中心にマネジメントのスキルとして広まったが，昨今では，カウンセリング心理学やポジティブ心理学などの理論を統合しながら，より実利的かつ実践的な方向へと発展してきている．このため，コーチング手法は依拠する理論によってバリエーションがあり，使用する技法も促進(ファシリテーション)技法，教示(インストラクション)技法，支援(サポート)技法と幅広い．これらを5段階で示すと以下のとおりになる．

① 端的な指示／説明／レクチャー：具体的に指導する．
② 経験則：コーチのノウハウをチェックリスト化して伝える．
③ 体験談：ストーリーテリング手法を用いて伝える．
④ ソクラテスメソッド：質問して答えさせる対話型で教育する．
⑤ 実践を通じた学習：指導のもとで練習し，観察し，問題解決し，実験(仮説検証および探索)することで，知識を継承する．

受け手は，①に近いほど受動的であり，⑤に近いほど主体的となる．受け手への端的な指示や経験則の伝達は，経験を通じて学ぶための「聞く耳(受容体(receptor))」を養うために必要だが，それだけでは，表層的な知識の継承に留まってしまう．現状では多くの組織内の知識移転の試みが①，②に留まっているといわれている[11] [12]．

こうしたコーチング技法を実践する際に用いる，具体的なコミュニケーショ

ン技法は以下のとおりである.

- コーチングの効果について部下からの意見を求める.
- 仕事を進めやすいように資源を提供する.
- 質問することで問題について考えさせる.
- 部下への期待を明示し, 組織の目標とのつながりを明確にする.
- ロールプレイによって見方を変える.

　職場の日常生活における QOL 向上などを目的に発展してきた認知行動コーチング, ナラティブ・アプローチ, 発達的アプローチなどでは, 仕事のやり方を見直すときに用いられるコーチング技法として GROW モデルを用いるケースが多い. GROW モデルは, ビジネスコーチングの先駆者であるジョン・ウィットモア(1937〜2017)が開発した手法で, 部下の本気度を高める効果が高いといわれている.

　GROW モデルのコーチングステップは, 「GROW」の英文字に沿って大きく5段階に分かれている(**表 6.4**). それぞれ G(Goal：目標の明確化), R(Reality：現状の把握, Resources：資源の発見), O(Options：選択肢の創造), W(Will：目標達成の意志)の頭文字である. フォローアップを支援する技法として「STAR」というフレームワークもあり, それぞれ, 「Situation：状況確認」

表 6.4　GROW モデルの概要

モデルの構成要素	概要
G：Goal 目標の明確化	抽象的な大目標をより具体的な中目標, 小目標へと細分化するとともに, 目標を上から一方的に与えるのではなく部下の意見も聴きながら一緒に決定していくことが大切である.
R：Reality 現状の把握	部下に自分の置かれている立場や状況を認識させる.
R：Resources 資源の発見	「目標達成のために何(人, 金, 物, 情報, 時間, 経験)が使えるか」を考える.
O：Options 選択肢の創造	選択肢は無限にあるという立場に立ち, 新しい方法を戦略的に考えていく.
W：Will 意志の確認・計画の策定	部下のやる気のレベルを見極め, 具体的な行動計画を立てていく.

「Task：やるべきこと」「Action：実際の行動」「Result：結果の確認」の頭文字となる.

(2) フィードバック技法

フィードバックとは，現在と過去の行動を振り返ることで，目標に近づく認識や行動の自覚を促すための支援である．自分の行動の録画をくまなく眺めてみても，日ごろ身に着いた習慣を自分で発見することは困難である．そこで行動や状態，他者への影響を他人の目を通して見せることで，自ら気づくことを支援する.

フィードバック技法は3つの基本原則をもとに説明されている．コーチング技法のなかでも「SBI 手法」は相手の成果(パフォーマンス)向上につながる技法として利用されている.

SBI 手法の概要は以下のとおりである.

① 状況(Situation)

フィードバックをしているとき，最初に言及している状況(場所や日時)を定義する．状況を説明することで，フィードバックが特定の設定であるという認識をもたすことができる.

例1「昨日の朝の CAD の電源を入れたときは〜」

例2「月曜日の午後の溶接加工で〜」

② 観察された言動(Behavior)

次のステップでは，対処したい特定の行動を説明する．直接観察した行動だけを伝えなければならない．伝える行動について自分なりの仮定や主観的判断をしない．今の仮説は間違っている可能性があるので，仮説を伝えることでフィードバックを損なう可能性があるためである.

例「昨日の午前中の訓練で，プレス加工をしたとき，刃先を研削した後にバリが出ていたが，そのまま作業した」

③ その言動が及ぼした影響(Impact)

「最後のステップは，他人の行動が自分や，他の人にどのような影響を与えたか」を説明する．基本的にIメッセージを使う．Iメッセージとは私を主語にした言い方である．You メッセージと対比して使う．こ

こで，Youメッセージとは，「あなたは〜だ」と相手を主語にして伝えるフィードバックである．

　例「昨日の午前中の訓練で，抜いた後の製品の反りをそのままにしていた．次の人が加工できず悔しそうにしていた」

フィードバックする際に，伝える側の評価や判断が入ると，相手はその言葉を受けとめる前に，反感，自己否定といった感情をもち，メッセージが届きにくくなる．このためフィードバック技法では「私は〜と感じた」と自分を主語にして伝えるIメッセージが推奨されている．

　指導訓練を行う際に，未熟練者の作業記録だけでなく，ぼやきや嘆きを記録することで，多くの若者が似たようなところで躓くことが明らかになってきている．しかし，訓練指導者のコーチング技法やフィードバック技法を向上させるのも容易ではない．昨今，未熟練者が躓くポイントをデータベース化し，AIと連携することによって必要なタイミングで効果的にフィードバックを行うシステムも登場してきている．

【コラム⑤：AIを活用したコーチング技法[7]】

　介護コミュニケーションにユマニチュードとよばれるケア技法がある．ユマニチュード（Humanitude）とは，フランス語で「人間らしさ」を意味するが，「人間らしさを取り戻す」というニュアンスも含まれているそうである．ユマニチュードは，知覚・感情・言語による包括的コミュニケーションにもとづいたケア技法である．「見る」「話す」「触れる」「立つ」という人間の4つの特性に働きかけ，言葉によるコミュニケーションが難しい人とポジティブな関係を築くことを目的としている．この4要素がケアに際して実践されることで，介護拒否が少なくなることが確認されている．

　近年では，ベテラン介護職員と新人介護職員の動作を撮影した動画を4つの観点で解析し，新人介護職員向けに技法改善のためのフィードバックを行うためのAIを活用したシステムが開発されている．忙しい現場で

---

7)　CNET Japan：「熟練者の“介護ノウハウ”をAIが伝授―エクサウィザーズが提案する「コーチングAI」」（https://japan.cnet.com/article/35116681/）

OJT の時間が十分とれない状況で，こうした取組みは至る分野で広まっていくだろう．AI コーチによる習熟支援が OJT の主要な一手法となる日は近いかもしれない．

6.5 未熟練者に向けた中長期的な支援

所得，権限，地位およびその程度保証が段階的に上がっていくのが常であった時代は終わり，現在ではキャリアの多様性が増すだけでなく，外部環境においても不確実性が高まっている．企業は，環境の変化に対応するために多様な人材を養成していく必要があり，個人も高い満足と達成感を得るためにはキャリアを積む必要がある．OJT(On the Job Training)は重要な役割を果たしているが，技術革新のスピードが速く変化の激しい社会においては，未熟練者に向け中長期的な支援も必要である．

実際に役立つ中長期的な支援としては，「①キャリア・パスや将来の姿を示すこと」「②達成状況を定期的に振り返ること」がモチベーション向上に寄与すると判明している[17]．

(1) キャリア・パスの作成支援

キャリア・パスとは，ある職位や職務に就任するために必要な一連の業務経験とその順序および配置異動のルートを指す．

これは，「どのような仕事をどれくらいの期間担当し，どの程度の習熟レベルに達すれば，どのポストに就けるのか」といった，道筋や基準・条件を明確化したものである．キャリア・パスを作成するために職業能力開発体系[18]を活用することも可能である(図 6.6)．

(2) キャリア支援技法

未熟練者がキャリア・パスをもとに達成状況を定期的に振り返るうえで重要になるのが，「外的キャリア」と「内的キャリア」とよばれる2つの側面である．

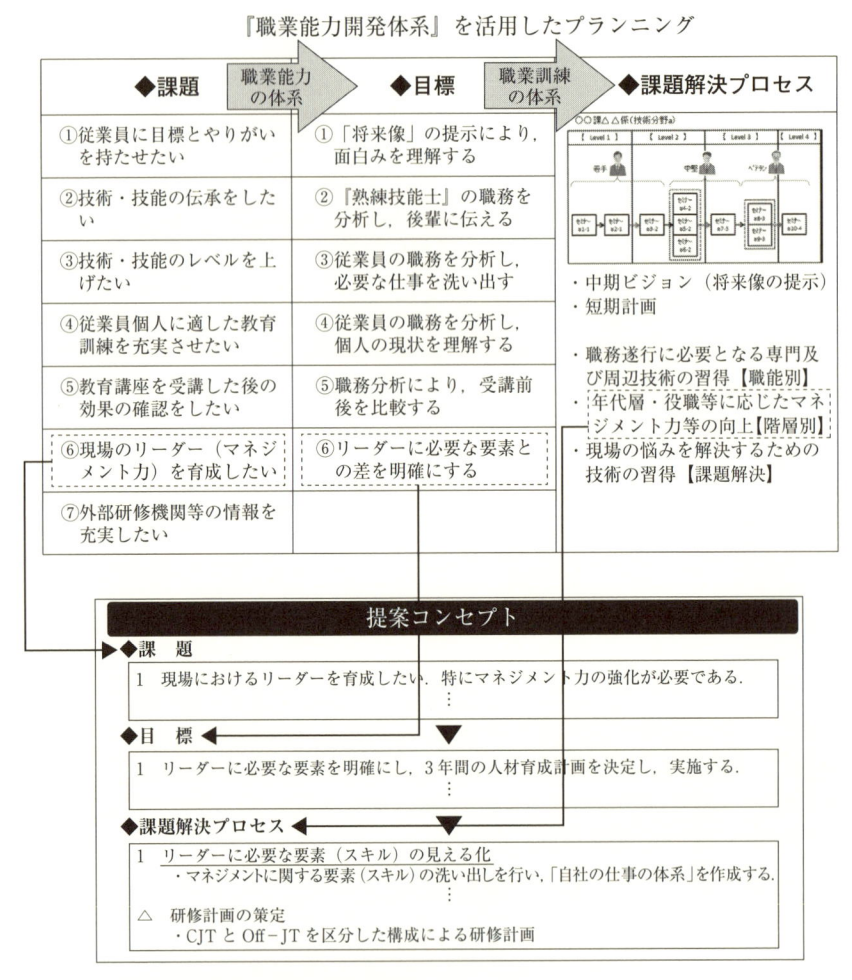

出典）職業能力開発総合大学校基盤整備センター(2014):「調査研究資料 No.136　2014 業種別職業能力開発体系の構築に関する調査研究」(http://www.tetras.uitec.jeed.or. jp/files/kankoubutu/a-136-01.pdf)

図6.6　キャリア・パス構築方法

「外的キャリア」とは，その人が経験した仕事の内容や実績，組織内での地位などを意味する．また，「内的キャリア」とは，職業生活における歩みや動きに対する自分なりの意味づけであり，外的キャリアの基礎となるものとして捉えられている．

現状の職位や報酬という外的キャリアから達成状況を振り返るだけでなく，やりがいや価値観といった内的キャリアからも振り返ることで，目標(キャリアプラン)が明確になり，業務へのモチベーション支援につながる．

心理学的研究では「外的キャリアと内的キャリアとの相互作用はあくまで人の心の内面で生じるもの」と考えるが，社会学的研究では「相互作用は社会的役割の制度と行動という外部で生じる」と考える．また，社会心理学的研究では，「過去から現在までの学習体験が外的キャリアでありそれらの学習体験への認知的・情緒的反応が内的キャリアで，学習体験への心理的反応という自らの目的に抵抗するよう環境を統制しようとして内的キャリアが発達する」とされる [17]．キャリア・パスをもとに達成状況を振り返る支援をするうえでは「今までどのような OJT や Off-JT を受けたのか」「職位やポジションが変わったタイミングで何が制約となり，何が好影響であったのか」という具合にこれまでの職業経験全体を振り返ることも重要である(図 6.7)．

キャリア支援における重要なポイントは以下のとおりである [8]．

① 個人的な計画をつくる機会を提供することによって，人々が自分自身のキャリアの管理において一層能動的になるように援助する．

② 人々に対して，その長所と短所と開発の必要な点についての情報を提供する．

③ 「組織内外のキャリア選択」「可能なキャリア・パス」また，「将来望むような地位につける資格をもつための自己開発として個人は何をしなければならないか」について，情報を提供する．

(3) 組織開発

近年のモチベーションの研究では，個人的価値(人間としての価値)の認知を

---

8) エドガー・H. シャイン(1991)：『キャリア・ダイナミクス』(二村敏子，三善勝代訳)，白桃書房．

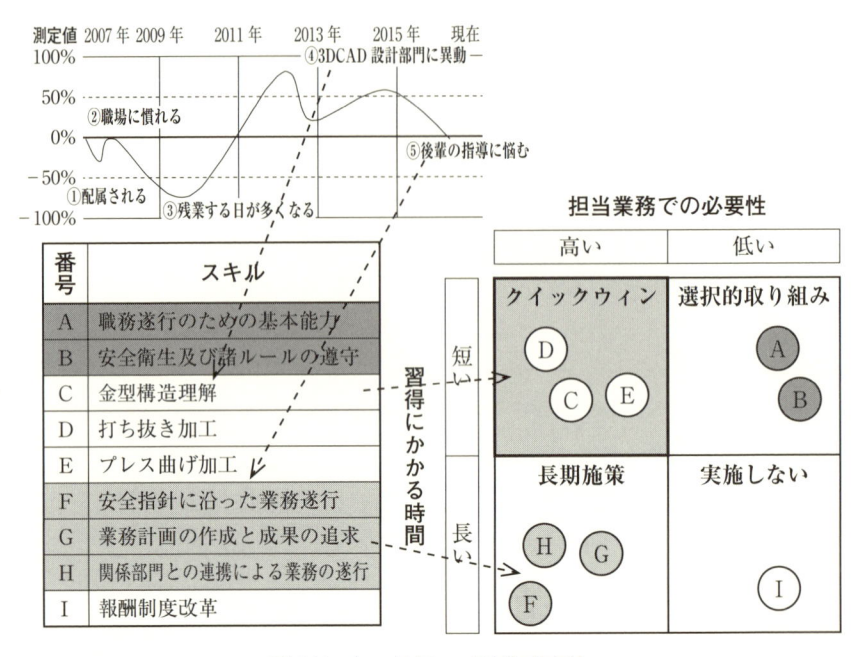

図 6.7　キャリア・パス作成方法

示す感情的認知（emotional recognition）への配慮の重要性が高まっている．

　個人価値の尊重とは，組織内のメンバーが，人間としての価値あるいはその知的価値を尊重されていると認知している状態を指すものである．個人は，こうした価値を尊重されていると感じるとき，自発的・能動的態度や行動を示すようになる．

　職業能力開発促進法には，雇用する労働者の職業能力開発・向上の促進を目的に，「事業内職業能力開発計画の実践に関する業務を行う職業能力開発促進者を選任するよう務めること」が謳われており，また改正後の同法施行規則等では，改正により職業能力開発推進者としてキャリア支援ができるキャリアコンサルタントを配置することが推奨されている（2019 年 4 月以降）．そのため，新たに職業能力開発推進者を置く際には，キャリアコンサルタントの活用を検討されることを勧めたい．

　ここで職業能力開発推進者の役割は以下のとおりである[9]．

- 事業所単位の職業能力開発計画の作成・実施
- 企業内外の職業訓練を受け，また職業能力検定を受ける労働者に対する相談・指導
- 雇用型訓練を受ける労働者に対する相談・指導
- 労働者へのキャリアコンサルティング
- 労働者が職業能力開発を受けるための労務管理上の配慮に係る相談・指導

第6章の参考文献

[1] 金綱基志 (2010)：「知識移転と地域企業の知識創出能力の向上」，『長崎県立大学経済学部論集』，43 (4)，pp.209-230.

[2] 松尾睦 (2013)：『職場が生きる　人が育つ「経験学習」入門』，ダイヤモンド社

[3] Andy Hunt (2009)：『リファクタリング・ウェットウェア』(武舎広幸，武舎るみ訳)，オライリー・ジャパン．

[4] 小川進 (2000)：「イノベーション発生の論理：情報の粘着性仮説について」，『国民経済雑誌』，182 (1)，pp.85-98

[5] 横澤公道 (2018)：「知識移転研究はどこまで来たか—文献調査から見えた今後の研究課題—」，『赤門マネジメント・レビュー』，17 巻 2 号，pp.25-46.

[6] Szulanski, G. (2000)："The process of knowledge transfer: A diachronic analysis of stickiness", *Organisational Behavior and Human Decision Processes*, 82 (1)，pp.9-27.

[7] 若林隆久，大木清弘 (2009)：「知識の移転：粘着性の測定」，『赤門マネジメント・レビュー』，8 巻 4 号，pp.169-180.

[8] 中西善信 (2013)：「知識移転の構成概念とプロセス：知識の使用とルーチン形成の相互作用」，『日本経営学会誌』，第 31 号，pp.27-38.

[9] 犬塚篤 (2007)：「組織内ネットワークの構築と知識共有」，『人工知能学会誌』，Vol.22，No.4，pp.472-479.

[10] 原田勉 (1999)：『知識転換の経営学』，東洋経済新報社.

[11] Christopher P. Nemeth, Erik Hollnage 編 (2017)：『レジリエンスエンジニアリング応用への指針』(北村正晴監訳)，日科技連出版社.

[12] 芳賀繁 (2012)：「レジリエンス・エンジニアリング：インデントの再発予防か

---

9) 厚生労働省「職業能力開発推進者」(https://www.mhlw.go.jp/stf/seisakunitsuite/bunya/koyou_roudou/jinzaikaihatsu/suisinnsya.htm)

ら先取り型安全マネジメントへ」，『医療の質・安全学会誌』，第 7 巻第 3 号，pp.209-211.

[13]　ジョン・ウィットモア(2003)：『はじめのコーチング』(清川幸美訳)，ソフトバンククリエイティブ．

[14]　ドロシー・レナード，ウォルター・スワップ(2005)：『「経験知」を伝える技術　ディープスマートの本質』(池村千秋訳)，ランダムハウス講談社．

[15]　内平直志「解説：プロジェクトマネジメントにおける知識継承」(http://www.jaist.ac.jp/ks/labs/uchihira/pm-kt.html)

[16]　瀬島純一郎(2003)：「フィードバックの機能と概念について」，『バイオフィードバック研究』，30 巻．

[17]　廣川佳子，大嶋玲未(2017)：「人事制度が飲食業で働く正社員のサイコロジカルエンパワーメントに及ぼす影響：経営理念との交互作用の検討」，『立教大学心理学研究科紀要』，59 巻，pp.1-10.

[18]　職業能力開発総合大学校基盤整備センター(2014)：「調査研究資料 No.136　2014 業種別職業能力開発体系の構築に関する調査研究」(http://www.tetras.uitec.jeed.or.jp/files/kankoubutu/a-136-01.pdf)

[19]　境忠宏(2011)：「キャリア研究の発展とキャリア教育の今後の課題」，『国際経営・文化研究』，Vol.16，No.1，pp.13-26.

[20]　エドガー・H．シャイン(1991)：『キャリア・ダイナミクス』(二村敏子，三善勝代訳)，白桃書房．

[21]　厚生労働省「職業能力開発推進者」(https://www.mhlw.go.jp/stf/seisakunitsuite/bunya/koyou_roudou/jinzaikaihatsu/suisinnsya.html)

第 7 章
日産自動車における技能研究の実際

7.1 本章のポイント

本章ではものづくり企業における技能・技術伝承の事例として，日産自動車株式会社における具体的な取組み事例を示すが，ここでのポイントは以下の5つである．

① ものづくり現場における教育訓練の考え方と技能への思い
② 技能伝承のポイントと考え方
③ 現場観察と科学的視点での問題解決
④ 記録と技能伝承教材への展開
⑤ グローバル化のなかでの技能・技術伝承

現場の努力とそれを支える教育訓練が，技能・技術伝承の要であり，人財を成長させていくための源泉である．

7.2 アライアンス生産方式

日産自動車ではものづくりの基本的な考え方を「日産生産方式（Nissan Production Way：NPW）」として 1994 年にまとめ，1997 年には NPW で実現すべき具体的なありたい姿として「同期生産」を掲げて，世界中の拠点に展開してきた．現在では「アライアンス生産方式（Alliance Production Production Way：APW）」としてルノー，三菱自動車とも共有しており，その実現に向けてお互いに切磋琢磨しながら邁進している．

APW は，その特徴として，①限りないお客さまへの同期，②限りない課題の顕在化と改革という「二つの限りない」を基本理念として掲げており，技能に対する考え方もこれを拠りどころとしている．

(1)　限りないお客さまへの同期

　高品質な商品とサービスを提供することを通じて，以下の3つを継続的に追求する．特に「品質の同期」は最優先であり，生産活動において最重要である．

(a)　品質の同期

　「顧客が求めている品質とは何か」を常に把握し，商品やサービスで具現化する．そのためには，各作業者や設備で100％の品質をつくり込むことで，顧客の期待を満足する品質の商品をつくることが重要となる（これを「つくり込み品質」という）．具体的には，「悪いものは受け取らない」「悪いものはつくらない」「悪いものは流さない」という3つの原則を徹底する．

(b)　コストの同期

　顧客が満足する価格を実現するために，常に付加価値の高い商品を追求し，生産現場の効率を改善していく．

(c)　時間の同期

　納期どおりに商品，サービスを届けるだけでなく，生産リードタイムを短縮する．リードタイムやスピードに対する思いを込めて「時間」という表現を用いている．

(2)　限りない課題の顕在化と改革

　顧客への同期を追求することで，品質不具合，設備故障，長い段取り時間などの阻害要因が顕在化する．しかし，これを改善や改革のチャンスと捉え，前向きな取組み姿勢を基本とする．

7.3　基本技能の重要性

(1)　「つくり込み品質」に不可欠な「基本技能」

　「つくり込み品質」の要となるのが人の技能である．
　例えば，「ボルト3本で部品を取り付ける」という作業は単純だが実は23ものノウハウがある．一連の作業のなかには，「毎回ボルト3本を確実にとる」

「ボルトを瞬時に手から繰り出す」「レンチのビットへボルトを確実に挿入する」など，ノウハウが数多く存在する．こうしたノウハウが一つでも欠けると，100％の品質をつくり込めないばかりか，作業時間も余計に必要となる．そして，このような不完全な作業を繰り返すと，品質や作業時間のばらつきの原因となる．このようなばらつきは作業者に大きな精神的負担を強いることにもなる．

このように「つくり込み品質」の向上のためには，「毎回同じ時間で作業ができる」「毎回100％の品質が得られる」というノウハウを見出したうえで，「どのように標準化していくか」が重要なポイントとなる．

(2) 自動化の前に行うべき「基本技能」の研究と改善

「これからは自動車の溶接や塗装はすべてロボットがやるのだから，人の技能は必要なくなるだろう」というような意見を聞くが，「ロボットの動きは人が教えている」ということに注意する必要がある．

例えば，**図 7.1** に示す車体溶接工程のスポット溶接には，鉄板へのガンの当て方，通電量，通電時間，溶接チップの素材や研磨の頻度，研磨のやり方など，数えきれないほどの人の技能と技術のノウハウが詰め込まれている．こうしたノウハウは何十年という試行錯誤により蓄積されたものだが，このようなノウ

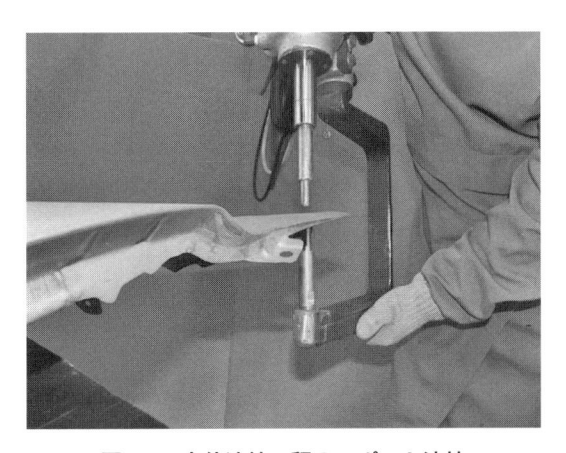

図 7.1　車体溶接工程のスポット溶接

ハウのすべてをロボットに転写して初めて，高い品質を継続的に得ることができるのである．

　また，車体塗装作業には膜厚や鮮映性などの品質を，連続生産のなかで確保しつつ，高価な塗料の塗着効率を高めるためのノウハウが数多くある．こうしたノウハウは人の技能として伝承・蓄積され，これらが自動化される際には，ロボットのティーチングに活かされている．確かに繰返し性や加工速度といった点においては，ロボットや機械のほうが人の技能よりも勝る点は多い．しかし，筆者の経験では，技能を研究し改善していなかった作業をそのまま自動化しても高い品質は得られない．

　技能の研究と改善は最適な作業方法と作業量を定めることにつながるため，将来的に自動化を考えた場合でも無駄な投資を回避することにつながる．

(3)　品質確保におけるリスキーな瞬間

　日産自動車では創業以来，技能の研究を継続的に行ってきた．しかし，1980年代初頭においては，職種別に体系が立てられておらず，現場での徹底も十分とはいえない状況にあり，「どういう状態で作業をすると品質不具合が起こるのか」という課題に直面していた．そのため，数百人いる車両組立工程の作業者を対象に作業観察を行い，ビデオカメラで撮影し，その動画を検証した結果，次の 2 つの結論を得た．

　　①　品質不具合の 70％は，所定の「基本技能」レベルに至っていない作業者によって起きている．
　　②　品質不具合の 70％は，作業者が「非サイクリックな作業」をした直後に起きている．

　ここで「基本技能」とは，車両組立の作業におけるボルトやナット，タッピングスクリューによる締め付けや，車体溶接工程でのスポット溶接，あるいは車体塗装工程でスプレーガンによる塗装やシーリング材の塗布などが該当する．「非サイクリックな作業」とは，部品箱の交換など，不定期に起こる作業のことである．

　このように品質確保における最もリスキーな瞬間とは，「基本技能」のレベルが所定のレベルに達していない作業者が何らかの「非サイクリック」な作業

をするときなのである.

(4) 「基本技能」が習熟期間に与える影響

　実際の車づくりの現場では,新入社員や新規に入った作業者に対して所定の知識教育や訓練を行った後,実際の生産ラインに入れて習熟を図る.

　図 7.2 に習熟期間と作業時間の関係を示している.1サイクル1分が標準と設定されたライン作業において,多くの新人作業者は実線で示すように日を重ねるごとに習熟を進め,最初は3分掛かっていた作業も数週間後には1分前後でできるようになる.

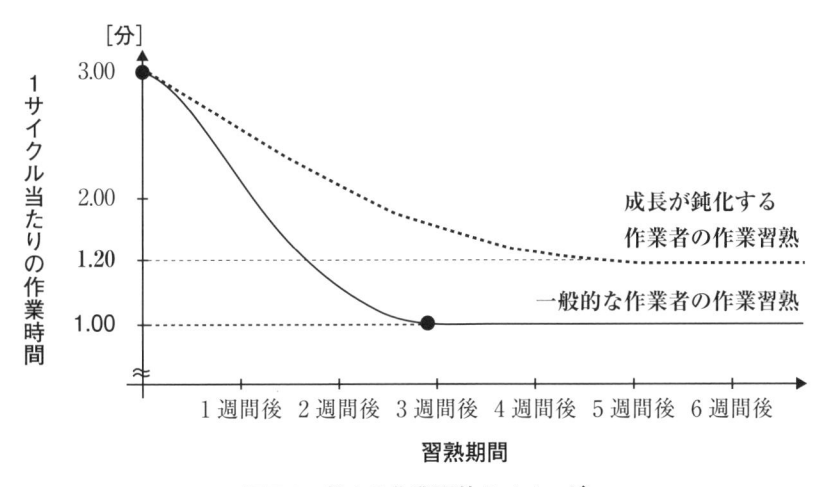

図 7.2　新人の作業習熟のイメージ

　しかし,ときどき破線のような習熟曲線を示す作業者が存在する.いくら習熟訓練を重ねても1,2分前後で止まってしまうのである.筆者が作業者や監督者の協力を得ながら研究を続けたところ,他にいくつかの要因はあるものの,最大の要因はまたしても「基本技能」のレベルが所定のレベルに達していないことがわかった.実際の作業もその 20%〜50% は「基本技能」で構成されているので,「基本技能」による作業に長く時間が掛かってしまうと,全体の作業時間も当然長くなってしまうからである.

以上より，「基本技能」が「つくり込み品質」と「作業の習熟期間」に大きく影響することがわかったので，筆者は「基本技能」の重要性を再認識し，担当する車両組立工程の「基本技能」についてさらに研究を進めることになった．

7.4　基本技能の研究

（1）　基本技能の研究方法

筆者が車両組立工程における「基本技能」の研究として最初に取り組んだのが，「ボルト」「ナット」「タッピングスクリュー」による締結作業であった．このとき，バネ計り，分度器，スケール，ビデオ，ストップウォッチなどを使い，ベテラン作業者と入社間もない作業者を徹底的に比較した．例えば，ボルト締めでは力を入れる角度や押す力，指や腕の使い方といったさまざまな要因を解析していった．また，各作業者から聞いた定性的なカン・コツも貴重な情報であった．

このような研究を通して，最終的には「ボルト」「ナット」「タッピングスクリュー」の「基本技能」に関して，100以上のノウハウを見い出したが，この「基本技能」の研究を進めていくうえで，次の2つの事項を事前に決めていた．

①　自分自身の体で覚えることができるノウハウを選択する．

②　自分自身が「基本技能」のトップレベルを修得する．

「基本技能」ノウハウを展開するとき，①を決めていたおかげで体得していた作業のステップや指導方法および訓練方法の明文化に役立てることができた．また，②を決めていたおかげで「普段現場で作業をしていない技術員でさえ，どのベテラン作業者よりも速く正確に作業ができる」事実を示し，「基本技能」ノウハウの必要性をより容易に理解してもらえるようになった．

この後，筆者の「基本技能」の研究の対象は以下のようにさまざまな場面に広がっていった．

- 車両組立における「ボルト」「ナット」「タッピングスクリュー」の基本技能
- 車両組立におけるその他の「基本技能」
- プレスや車体溶接，塗装などの「基本技能」
- 鋳造や機械加工などのエンジンやトランスミッション工場における「基

本技能」
- フォークリフト運転などの工場内物流，保全や検査の「基本技能」

(2)　「基本技能」のノウハウ

　筆者が「基本技能」の研究成果で得たいくつかのノウハウを以下に解説する．

(a)　ボルト，ナットの「繰出し」

　基本的に右利きの作業者は，左手でボルトやナットを繰り出す．部品をボルトやナットで連続して締め付けていく際，作業時間を左右するのは，締め付け工具を持つ右手ではなく，ボルトやナットを繰り出す左手である．実際，右手での締め付けが終わっているにも関わらず，左手で次のボルトの繰り出すことに苦労している初級者は非常に多い．

　正しい訓練を通して正確なノウハウを体得することで，「ボルトが数多く入った箱から毎サイクル，左手でボルト3本を確実に摑む」ということも可能となる．そして，最初に繰り出すボルトは親指に最も近いボルトとなるが，そのボルトの方向ごとにうまく繰り出すためのノウハウがあって．これも訓練により体得できる．**図7.3**は筆者の研究時に得られた資料の一部である．

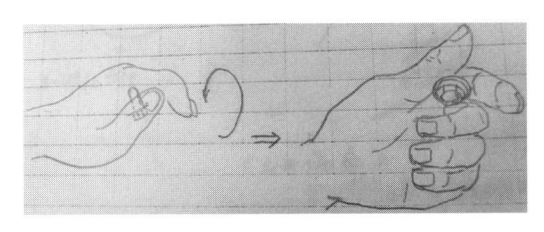

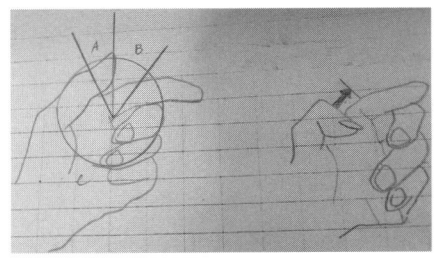

図7.3　「繰出し」ノウハウの図解(例)

(b)　ボルト，ナット，タッピングスクリューの「弾込め」

　繰り出したボルトやナット，タッピングスクリューをレンチのビットに挿入することを「弾込め」(図7.4)とよぶ．この「弾込め」にも，それぞれに異なるノウハウがあるが，「ボルトやビット先のテーパーや遊びをどのように活かすか」がキーポイントになり，「「繰り出し」や「弾込め」においてはいかに「重力を」活用するか」が共通のノウハウを形成する原点となる．

　「ナット」が最も難しい「基本技能」となることに注意しながら，「繰出し」と「弾込め」を訓練させたところ，「基本技能」に関する作業時間の短縮に最も貢献することができた．

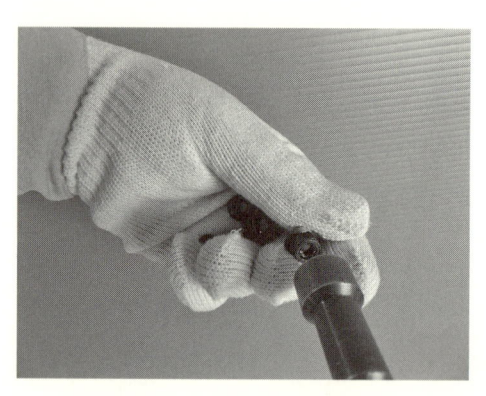

図7.4　ナットの「弾込め」

(c)　レンチを押す力

　レンチを押す力が強すぎると，らせん状の摩擦が熱や音に替わってしまい，締結不良を起こす．ボルトやナット，タッピングスクリューそれぞれを締め付ける際，レンチを押す最適な力はそれぞれ異なってくるし，さらにタイプやサイズによっても異なってくる．また，ボルト一本を締め付けている時間は1秒前後であるが，「ボルトを締め付け穴に合わすとき」「締め付け中のとき」「締め付けが終わったとき」，それぞれで最適な押す力は異なってくる．

　作業者は以上のような差異があっても最適なレンチを押す力を体得しなければならない．

(d) 視線

作業中に「"どこを""どのアングルで"見るか」も重要なノウハウであり，「繰出し」「弾込め」「締付け」それぞれの要素作業ごとに異なる．また，「一連の作業中のどのタイミングでどこを見るか」にもさまざまなノウハウが存在している．

7.5 技能伝承のグローバル展開

(1) 技能伝承のための標準化

日産自動車では 1980 年代後半から国内で基本技能訓練を展開してきたが，経営のグローバル化に伴い 2000 年代前半には「国内で培ってきた「ものづくりのノウハウ」や「魂」を，いかに素早く海外拠点に伝えていくか」が経営上の課題として捉えられた．つまり，グローバルに生産を展開するための大前提として技能・技術伝承の仕組みを構築することが強く求められたのである．

しかし，それまでの技能伝承では「俺の背中を見て学べ」といった雰囲気が強かったため，技能伝承を効率的に実行するために標準化が必要になったため，以下のような取組みをした．

(a) 体で覚える

この「体で覚える」とは，五感のうち特に視覚，聴覚，触覚ごとに，その感じ方の一つひとつを繰返しの訓練で研ぎ澄ましていくことである．

ゴルフでもよく「正しいスイングを一つひとつ動作に分解し，反復しながら体で覚えていけばスコアー 90 は切れる」といわれたりするが，「基本技能」も全く同じことがいえる．この考え方に沿い，誰でも最も効率的に「体で覚える」ことができるように，機材や教え方に工夫を重ね，標準化していった．

(b) 体感の定量化

例えば，最適なレンチを押す力を念頭に，締結中に「押し過ぎている」と指摘してもなかなか伝わらないため，バネ計りを用いて，「自分が締結中にどのくらいの力で押しているのか」「最適な押す力はどのくらいなのか」を体感してもらう取組みをした(図 7.5)．

図7.5 バネ計りを用いた訓練(例)

このような工夫を訓練方法や訓練機材へ可能な限り取り入れた.

(c) 動画マニュアル

筆者ははじめ,ノウハウを文書化したり,絵にしたり,あるいは写真で示して資料を作成し,それにもとづいた訓練を実施した.その結果,以下の結論に達した.

- 指導員候補の訓練生には訓練全体の70%しか定着しない.
- その訓練生が指導員になっても,作業者には訓練全体の70%しか定着しない.
- したがって,作業者には筆者がはじめた訓練全体の70%×70%＝49%しか定着しない.

以上の理由から筆者はすべてのノウハウを紙ベースから動画ベースのマニュアルに切り替えた.

ノウハウをビジュアルと言葉で同時に伝えることができる動画のおかげで,効率的な体感訓練を行うことができるようになり,80%以上の技能伝承が可能となった(**図7.6**).このときに筆者が作成した動画マニュアルは執筆現在,数多くの言語に翻訳され活用されている.

注）　写真左上のパソコンに動画マニュアルが表示されている.

図7.6　動画マニュアル（左側のパソコン）を用いた訓練（例）

（2）　訓練教材の調達

　海外で新工場を立ち上げるときには，毎月何十人もの新規作業者を迎えるうえに，訓練機材も相当な数と種類を準備する必要がある．このとき，日本でしか製作できない機材は，輸送や関税のコストがさらに必要となる．これが高度な機材の場合，未熟な新工場では修繕することが不可能なため，訓練自体に支障をきたすことが想定される.

　以上のことを考えて，筆者は「基本技能」の訓練で用いる機材の標準を新興国でも必ず揃う安価な機材とした．このときも，機材については図面があれば，現地で組み立てられるシンプルな構造にすることを重要視した.

（3）　技能伝承の仕組みづくり

　以上のように確立した技能伝承方法を，迅速にグローバル展開していくためには，マネジメント上の仕組みも構築することが重要であるので，以下にいくつかの仕組みを解説する.

（a）　マスタートレーナー制度

　日産自動車では世界に70の工場をもち，10万人以上の作業者を抱えている．このような状況で日本から指導員が各拠点を回って「基本技能」を教えていくというやり方は非現実的である．そこで，**図7.7**に示すように，「まず各拠点

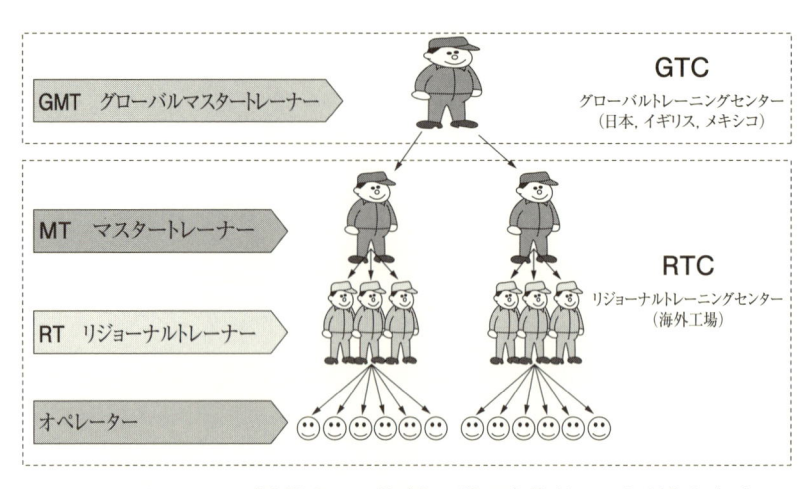

マスタートレーナーを活用して，海外工場が自律的に "人財" を育成

従来から直接指導に比べ**20倍**のスピードで育成

図 7.7　マスタートレーナー制度の概要

　に指導員を育成し，その指導員が各拠点の作業者に教える」といったネズミ算式的な仕組みを採用した．この方法を採用することで，従来の直接指導に比べ20 倍のスピードで「基本技能」を世界に伝承することが可能となった．

　各拠点における指導員を「マスタートレーナー」として職種別に認定していった結果，現在までに数千名の「マスタートレーナー」が誕生している．各拠点で選抜された指導員候補生が，日本で 3 週間から 3 カ月間の座学や実習で構成される研修を受け，研修最終日に行われる試験に合格すれば，「マスタートレーナー」に認定され，「認定証」「動画マニュアル」「機材図面」を受け取る．そして，自拠点に戻り指導員として活躍してもらう．

　図 7.7 の「グローバルマスタートレーナー」とは，日本で長年その職種に携わってきた「匠」ともいえる熟練者のことである．日産自動車では世界中の工場長や管理監督者に対し，「基本技能」「高技能」の訓練の大切さを理解しても

らい，また「マスタートレーナー」へ敬意を払ってもらえるような啓蒙活動も
同時に行っている．

　なお，この制度を導入してからは，「マスタートレーナー」の退職率が極め
て低いという副次的な効果もあった．これは，「マスタートレーナー」として
の誇りや教えることの喜びを感じながら，日々業務を遂行しているからだと考
えられる．

(b)　全拠点共通の道場

　「マスタートレーナー」の認定を受けると現地の指導員として「基本技能」
や「高技能」を教えていくことになる．この教える場のことを日産自動車では
「基本技能訓練道場」とよんでおり，職種別に共通の訓練機材や教材を備える
ことが義務化され，標準化された訓練を行っている．**図7.8**は基本技能訓練道
場の様子である．

図7.8　基本技能訓練道場の様子

(c)　「基本技能レベル」の設定

　「基本技能訓練」では標準化された実技を何度も繰り返すとともに，毎回作
業品質と作業時間を計測している．これにより「基本技能」のレベル向上を定
量的に把握できるようにした．

　日産自動車では，この仕組みを5段階の「基本技能レベル」として設定して
いる.（レベル5が最高位である）．なお，新規配属者の「基本技能訓練」では

「レベル 3」に達するまでは，次の訓練に移行してはならない決まりとなっている．

(d)　基本技能競技世界大会

　日産自動車では「基本技能」を尊ぶことを目的として，2006 年に国内工場，2007 年からは世界中の工場を対象とした「基本技能競技世界大会」を毎年開催している．従来は日本選手が上位を占めていたが，近年では多くの海外選手もメダルを獲得している（図 7.9）．

図 7.9　基本技能競技世界大会（2018 年のもの）

　各工場では「基本技能競技世界大会」の前に予選会を開き代表選手を選出するのだが，毎年全員が予選会突破のために「基本技能」の訓練に取り組んでいる．つまり，予選会を通じてグローバル全体での「基本技能」の底上げが図られる仕組みである．

　海外からの選手は各工場の期待を一身に背負い，そして世界中の仲間と親交を温め真剣に戦うという貴重な経験をして帰国していく．このような経験を通じて技能向上だけでなく，極めて低い退職率も実現できている．

7.6　異文化における基本技能訓練の実践

　筆者が 2009 年から 2 年間，現地に赴任し携わったインドにおける新工場立

上げの事例を通じて，異文化における基本技能訓練について解説する．

(1) 基本技能の伝承

初期に採用した少数のインド人は，近い将来の管理監督者候補生であり，またその後の大量採用に向けた「マスタートレーナー」候補生でもあった．日本での訓練で無事認定を受け，「基本技能訓練道場」も完成し，実際の指導が始まった．現地における新規従業員の理解力の速さは目を見張るものがあり，工場の将来に大きな可能性が感じられた一方で，今までに経験したことのない多くの課題に直面することにもなった．

直面した課題の一つが左手でのボルトの「繰出し」である．宗教や文化に根差した慣習により，一般的にインド人は左手での作業が得意ではない．そこで，新たな「基本技能」の研究を行った結果，要素動作ごとに「基本技能レベル」へ到達するための練習回数が地域によって異なることがわかった．その結果にもとづいて，ボルトの「繰出し」も練習回数を設定したことで，要素動作のレベル向上が実現された．執筆現在，地域性に則した練習回数を設定することで，全員が「基本技能レベル」3以上に到達することが確認されている．

さらに，プレス工程の「基本技能」である「左手の触感でプレスパネル表面の数十ミクロンの凸凹を見つける」作業(**図 7.10**)の訓練も，要素動作ごとに練習回数を設定することで，日本人と遜色ない検出力を体得することができた．

図 7.10 プレス工程の「基本技能」訓練

以上のように今までの訓練方法に欠けていた点を補ったり，さらなる工夫を次々と加えていくことで着実な成果を出していった．

(2)　品質感度や 5S 文化の醸成

技能以外にも，文化的な背景が原因となる課題がいくつかある．

例えば，新規に採用した現地従業員の多くは，自家用車を所有したり自動車産業に従事した経験がないため，「金属が塗装面に当たるとキズが付く」といったことに総じて感度が低いように感じられたので，筆者は品質限度見本を新たに作成し，標準よりもはるかに多くの見本を用意して「どのような作業や現象でキズ引き起こされるのか」を，**図 7.11** のように実物を用いて説明するなど工夫を重ねていった．

図 7.11　限度見本による訓練風景

また別の例では，「5S」(整理，整頓，清掃，清潔，躾)に関する感受性を高めるため，筆者は毎朝の「基本技能訓練道場」の清掃および訓練台の始業・終業点検を徹底した．この取組みを通して，「日産自動車の工場に一歩足を踏み込んだら，日産自動車の「5S」文化の下で仕事をしていく」という心を育んでいった．ここで重要なのは，必ず「入社初日から伝えていく」ということである．

「5S」文化の醸成では工場の上位層から実践することにした．工場内を歩いているとき，床にゴミが落ちていれば，工場長であれ，部長であれ，課長であ

れ，拾うように取り組んだ．インド人ははじめ信じられない姿を見るようであったが，やがて全員がゴミを拾って，職場の清掃を丁寧に行うようになった．また新入社員も初日からこの慣習に自然と溶け込んでいくようになった．

　以上が日産自動車の「ものづくりの文化」を伝えていく活動の一端である．

7.7　技能・技術伝承の進化と展開

　IoT や Industrie4.0 に代表されるとおり，これからのものづくりは変革の時期を迎える．このとき，技能・技術伝承の観点から忘れてはならない 3 つの項目は以下のとおりである．

(1)　暗黙知から形式知への転換

　「基本技能」のなかでも最も難しいことの一つとされるのがプレス工程の型保全である．自動車鋼板用の数千トンの大型プレスでは，型の大きさが縦横それぞれ 2m を超えるものが多くある．その型の内面には繊細な車の外板形状が再現されており，その形状を常に最適な状態にしておくことが型保全の仕事である．いわゆる「一人前になるのに 10 年掛かる」といわれるような難しい仕事である．このプレス型保全は「基本技能競技大会」(7.4 節)の競技種目となり，入社 3 年目のインド人が見事，銀メダルを獲得した．これは，10 年で身につく暗黙知を形式知に転換し，標準と定めた教え方を愚直に実践してくれたことの証であった．

　このように数多く存在する暗黙知となっている技能や技術を形式知化していくことへの絶え間ない挑戦は，重要な経営戦略ともいえる．執筆時点では「ビッグデータを用いた AI による解析」などが話題になっているが，このような解析・分析力を向上させる仕組みは，暗黙知の形式知化に大いに貢献するものなので，効果的に活用していくことが重要である．

(2)　技能・技術伝承におけるツールの進化

　今後も動画のデジタル化や画像解析技術は確実に進化していく．また，ウェアラブルグラスや VR などの技術は，ますます使いやすく，安価なものとなっていくであろう．そのため，こうした技術を駆使することで，形式知化した技

能のノウハウを伝えていく方法は，今後革新的に進化するはずなので「技能・技術伝承」のデジタル化はますます不可欠になっていく．

(3)　ものづくりの魂を伝える

　ものづくり人財の育成の基本で最も重要なのは，「ものづくりの考え方を正しく教える」という点である．これは，日産自動車の場合なら「アライアンス生産方式」であり，これを正しく伝えることから技能教育が始まっている．そのなかでも「挨拶」や「5S」などの基本をしっかりと教え，徹底することは欠かせない．「5S」がすべての基本だと全員が身に染みて感じていないと「5S」文化の醸成はできない．つまり，いくらテクノロジーが進化しても「5S」は徹底できないのである．

　7.2 節で解説した「限りないお客様への同期」「限りない課題の顕在化と改革」は「基本技能」の拠りどころとなる．例えば「品質の同期」を心の底から理解していないと，「基本技能」の訓練は単なるノウハウの伝授に終わってしまう．このように，最初にものづくりの魂を伝えることは非常に重要である．逆に，こうしたものづくりの基本的な考え方がない場合や，全拠点での共有が不十分な場合は，まずはそこから着手すべきともいえる．

索　引

著 者 一 覧

【編著者】

原 　圭吾(はら　けいご)
職業能力開発総合大学校　職業訓練コーディネートユニット　教授. 博士(工学), 技術士(総合技術監理部門・機械部門).

【著者】(五十音順)

新目 　真紀(あらめ　まき) 　(担当：第6章, コラム④, コラム⑤)
職業能力開発総合大学校　キャリア形成支援ユニット　准教授. 博士(工学), キャリアコンサルタント.

磯部 　真一郎(いそべ　しんいちろう) 　(担当：第1章)
職業能力開発総合大学校　基盤整備センター　開発部　高度技能者養成訓練開発室　室長.

市川 　博(いちかわ　ひろし) 　(担当：第7章)
日産自動車株式会社　生産企画統括本部　APW 推進部　技術顧問.

塚崎 　英世(つかざき　ひでよ) 　(担当：第1章, 3.3節, 3.4節)
職業能力開発総合大学校　建築施工・構造評価(木造)ユニット　准教授. 博士(工学), 一級建築士.

西澤 　秀喜(にしざわ　ひでき) 　(担当：3.5節)
第一工業大学　建築デザイン学科　教授. 博士(工学), 技術士(建設部門), 一級建築士.

平林 　裕治(ひらばやし　ゆうじ) 　(担当：第4章, コラム①, コラム②)
大手建設会社勤務. 博士(知識科学), 中小企業診断士, キャリアコンサルタント.

不破 　輝彦(ふわ　てるひこ) 　(担当：第2章, 3.1節, 3.2節, 3.5節(1))
職業能力開発総合大学校　心身管理・生体工学ユニット　教授. 博士(工学).

村上 　智広(むらかみ　ともひろ) 　(担当：第5章, コラム③)
職業能力開発総合大学校　職業能力開発原理ユニット　教授. 博士(工学), 1級技能士(板金).

技能科学によるものづくり現場の技能・技術伝承

2019 年 6 月 27 日　第 1 刷発行
2024 年 2 月 15 日　第 2 刷発行

編著者　原　　圭吾
著　者　ＰＴＵ技能科学研究会
発行人　戸羽　節文

発行所　株式会社　日科技連出版社
〒 151-0051　東京都渋谷区千駄ケ谷 5-15-5
　　　　　　　DS ビル
電　話　出版　03-5379-1244
　　　　営業　03-5379-1238

検印
省略

Printed in Japan

印刷・製本　港北メディアサービス株式会社

©*Keigo Hara et al. 2019*
ISBN978-4-8171-9672-9
URL http://www.juse-p.co.jp/